走进自己系列

Self-analysis

自我分析

让你勇敢面对自我的剖析之书

要想真正成长，必须分析自我，洞悉自己，
坦然接受自我并有所追求。

武志红、苏岑、张德芬深受影响的心理分析大家之作

[美] 卡伦·霍妮 著
霍文智 译

北京理工大学出版社
BEIJING INSTITUTE OF TECHNOLOGY PRESS

图书在版编目（CIP）数据

自我分析 / (美) 卡伦·霍妮著 ; 霍文智译. — 北京 : 北京理工大学出版社, 2020.5

ISBN 978-7-5682-8195-9

Ⅰ. ①自… Ⅱ. ①卡… ②霍… Ⅲ. ①精神分析—研究 Ⅳ. ① B84-065

中国版本图书馆 CIP 数据核字 (2020) 第 036510 号

出版发行 / 北京理工大学出版社有限责任公司
社　　址 / 北京市海淀区中关村南大街 5 号
邮　　编 / 100081
电　　话 /（010）68914775（总编室）
（010）82562903（教材售后服务热线）
（010）68948351（其他图书服务热线）
网　　址 / http: //www. bitpress. com. cn
经　　销 / 全国各地新华书店
印　　刷 / 三河市金元印装有限公司
开　　本 / 880 毫米 ×1230 毫米　1/32
印　　张 / 8
字　　数 / 158 千字
版　　次 / 2020 年 5 月第 1 版　2020 年 5 月第 1 次印刷
定　　价 / 49. 90 元

责任编辑 / 施胜娟
文案编辑 / 施胜娟
责任校对 / 周瑞红
责任印制 / 李志强

目录

contents

前言

精神分析法起源于医学领域，是一种严格意义上的治疗手段。弗洛伊德发现，某些精神性障碍，例如癔症性痉挛、恐惧、抑郁、毒瘾、胃官能症等，并没有十分明显的器质性病因，而且可以通过消除某些潜意识因素实现痊愈。上述这种精神性障碍，就是我们所说的神经症。

在此后的三十年间，精神病专家们发现神经症患者深受此类症状的困扰，甚至会在处理自己的生活方面遇到很多困难。而且，很多人格失调的人并没有表现出神经症的特定症状。换句话说，神经症的症状有显性的，也有隐性的，但必定都具有人格障碍，这已经逐渐成为不争的事实。我们可以由此得出结论：这些并不具有明显特征的人格障碍构成了神经症的本质。

上述这些发现推动了精神分析科学的发展，扩大了精神分析学的领域，提高了精神分析的疗效。因此，精神分析的对象不再仅限于严重的临床症状，还包括了某些明显的性格异常，例如无意识的迟疑，在人际关系的选择上反复犯下同样的错误，以冷漠和压抑的态度对待工作，等等。但是，精神分析的根本目标并不是研究人格及其发展规律，而是理解并消除神经症的症状。对性格进行分析只是一种手段而已，如果经由分析性格，能够让患者获得更加健康、更加全面的发展，那么应该就是超出预期的结果了。

毫无疑问，精神分析法适合长期运用于治疗特定的精神失常，并且有助于普通人的性格发展，这一事实已经得到越来越多的认可。人们关注和选择精神分析法，并不是因为他们具有恐惧、抑郁或者其他精神失调的症状，而是因为他们觉得自己无法把生活处理好，或者觉得自身的缺陷影响了自己的发展、人际关系。

当新的希望出现时，人们往往会过于高估其价值。一种广为流传的观点认为，精神分析法是促进人格成长的唯一手段。但这无疑是不现实的，对于我们来说，最有益于发展的，还是生活本身。生活让我们感受到很多压力，比如思乡的苦闷、身体的疾病、寂寞的时光等；但也让我们感受到很多快乐和美好，比如真挚的友谊、和睦的相处、团队的合作等，这些都有助于我们发挥自身的潜能。

可惜，生活带给我们的不仅是帮助，还有很多不利因素：好事并不总能如愿出现来满足我们的需求；困难也不只会打击我们的积极性和勇气，还会超出我们的承受范围，把我们彻底击垮，甚至让我们深陷心理障碍的泥潭，而无法从生活中得到帮助。虽然精神分析法也有一定的局限性，但却不包含这些不利因素。所以，精神分析法自然而然地在人格发展领域取得了一席之地，并以其特有的方式推动着人格的发展。

现代文明社会局势复杂，生活在这样的社会中要面临很多困难，因此，人们急需能够推动人格发展的方法。专业的精神分析法能够为大部分人提供帮助，但并不是每个人都有条件接受这种帮助，因此，自我分析就显得更为重要了。人们始终认为，自我分析不仅具有独特的价值，而且有助于进行自我认知。当然，自我分析也可以从精神分析的各种发现中得到经验。另一方面，它还能够呈现出人们未曾发现的自我分析的内在困难。正是出于以上原因，我们才应该虚心而充满希望地对精神分析中自我省察的可能性进行探讨。

我之所以完成这本书，就是为了让读者们认识到这个问题，并且全面而充分地思考其中包含的困难。在具体的分析过程中，我会把自己的一些思考提供给大家，但是由于这一领域目前还没有足够的实践经验可供参考，因此我不会给出任何确切的答案。我要做的就是提出一些问题，并且鼓励大家努力尝试进行具有建设性意义的自我省察。

尝试进行建设性自我分析对个人来说非常重要，因为这样的努力能够帮助人们充分发挥自己的才能——不仅是个人潜藏的独特才能，更重要的是消除各种易致残性神经症（例如强迫症）的症状，让自己获得健康而全面发展的潜能。可是，自我分析还涉及一个更大的问题：如今，我们都在为实现民主而努力，而相信个体（尽量多的个体），全面发展个体的潜能，就是民主思想的根基。虽然精神分析只能帮助个体实现这个目标，而无法拯救整个社会，但它至少能够厘清既引起社会弊病，自身又是社会弊病的后果的那些矛盾、误解、仇恨、恐惧、伤害和缺陷。

我曾在此前出版的两本书中阐明神经症的理论框架，在本书中，我将为这个框架填充一些具体的内容。我原本没有打算阐释那些有关神经症的新观点，但后来觉得还是有必要向读者们介绍那些或许有助于阐述自我省察的素材。当然，涉及此类观点时，我会尽可能表达得简洁明了，以免妨碍读者理解本书的主题。心理学问题必定相当复杂，我深知这一点，因此会尽量使用通俗易懂的语言，以免使复杂的问题更加复杂。

感谢伊丽莎白·托德小姐以真知灼见帮助我整理本书所需的材料；感谢我的秘书玛利亚·莱文夫人所付出的努力；还要感谢那些授权我公开发表他们自我分析案例的患者。在这里，我要向他们表示最真挚的感谢。

第一章

自我分析的可能性和可行性

几乎所有精神分析师都会有这样一个共识：精神分析进展的速度和成效，与患者的“配合”程度成正比。这里的“配合”，并非是指患者会毕恭毕敬地被动采纳分析师提出的任何建议，或者自觉自愿地把自己的状况和盘托出——即使大部分来诊所做自我分析的患者，最终都会发觉并且承认坦言内心是非常重要的。我所说的“配合”，指的是患者表达自我的一种方式，这种表达几乎是无意识的，就像作曲家会在创作时无意识地表达自己的情感一样。一旦自身因素导致情感的表达受到阻碍，那么作曲家必定无法进行创作，无法产出任何作品。同样，即使患者迫切地渴望与分析师密切合作，但如果他在努力的过程中遭遇“阻碍”，那么最终必定无法取得任何好的结果。只有当患者能够经常自由地进行自我表达时，他才会具备解决自身问题的能力，他与分析师的配合分析才会更有成效。

我经常告诉我的患者，分析师只是他们的指路人，就像在攀登一座险峻的高山之前，分析师只会提出建议——哪条路更好走，哪条路容易出危险——这才是最理想的情况。更确切地说，虽然分析师也曾亲自攀登过高山，但是每个人所面对的高山是不同的。因此，最重要的是患者自己的心理活动和创造力。自我分析的时间长度和效果，取决于患者自己的建设性心理活动，这绝非夸大其词。

当患者的状况不太好时，分析治疗就会因为种种原因而被迫中断或终止。患者和分析师肯定不会对这样的结果感到满意，但这样的情况却往往能够揭示出患者心理活动的重要意义。如果接下来的一段时间内，双方都没有继续进行精神分析，但患者的状况却出现了持久而稳定的改善，那么他们通常会对此感到惊喜。如果分析师经过详细的调查，发现患者所处的环境中并不包含这种改善的诱因，那么我们就可以将其界定为分析治疗的一种滞后效应。这种滞后效应可能受到各种因素的影响，因此很难解释清楚。

患者通过之前的精神分析，或许已经具备了精准的自我观察能力，因此他已经意识到了自己的确存在心理障碍，或者以前未曾发现的一些新问题；又或许，患者原先可能会把分析师提出的建议当作对他的侵犯，然而，当他具备了强大的自我观察能力后，他反而可能会将这些改善归功于自己；又或许，患者的问题是喜欢把别人踩在脚下，那么他可能会阻止分析师从成功的治疗中获得满足感。因此，只有当分析师离开他的舞台，患者的状况才会好转。最后，需要牢记的是，滞后效应在生活中非常普遍。比如，我们很可能在一场谈话结束之后很久，才真正体会到某个笑话或者某句评论的具体含义。虽然以上列举了各种不同的解释，但它们都意味着患者内心经历了一些无意识的心理活动，或者说，患者并没有刻意地进行这些心理活动。

我们知道，患者有时候的确是在无意识的状态下进行某些心理活动，甚至是有意义的指向性活动。我们都曾经梦到过一些有意义的情境，甚至会遇到这样一些情况：晚上无法解决的问题，一觉醒来后却轻易找到了答案；面对一道著名的数学难题，怎么都解不开，早上起床后，答案却自动出现在脑海中；晚上还举棋不定，无法做出决策，一觉醒来后，茅塞顿开，所有疑虑都消除了……这样的情况不胜枚举，甚至在白天没有意识到的怨恨，夜里可能会活跃在人的意识层面，并且让人们在凌晨五点钟猛然惊醒，清楚地意识到埋藏在自己内心深处的愤怒。

其实，所有的精神分析工作都是根据患者内在的心理活动来进行的。分析师的这种行为，是基于这样一种理念：只有消除患者的“抵触”心理，分析治疗才能进展顺利。此外，我还要强调一点，这些内在心理活动也具有积极作用。患者对于解脱的渴望越强烈，阻碍越少，他表现出来的活动就越有创造力。然而，不管是针对积极作用（渴望解脱）还是消极作用（抵触），我们都是以相同的内在原理为基础——通过消除障碍或者激发渴望，开启患者的心理能量，并且由此发现新的分析材料，最终实现更进一步的自我分析。

然而，如果分析工作仅仅根据患者的无意识心理活动来进行，或者患者有能力独立解决某个问题，那么这种能力是否还有其他作用？患者是否能以自身具备的批判性才能，对他的自我审视结果或心理想象进行全面的检查？我们是否可以更加深入地分析患者的心理现象？这些才是本书应该探讨的问题。

在精神分析过程中，患者和分析师往往各有分工。通常而言，患者需要做的是表达内心的想法、感觉和欲望，而分析师需要做的是运用批判性才能，查明患者的行为是出于怎样的真实原因。分析师会在看似没有联系的材料之间建立联系，并以此质疑患者的表述，提出其中可能隐藏的内涵。我之所以使用“通常而言”这一说法，是因为有些时候分析师也会使用直觉，而患者也可能自觉地在各种事件之间建立广泛的联系。但总体而言，患者和分析师的确各有分工，这也的确有益于分析治疗的整个过程。因为它能让患者放松下来，开诚布公地表述自己的内心。

然而，我们应该如何应对两个分析期之间的空闲期呢？如果由于种种原因，治疗不得不中断，甚至中断很久，事情又会变得怎样呢？如果顺其自然，寄希望于偶然因素，让问题在不知不觉中自行得到解决，这种处理方式真的可靠吗？我们是否可以做到让患者自发进行自我审视，并且运用其推理能力处理难题呢？虽然这个想法目前还不容易实现，存在着一定的风险性和局限性（我将在后文中详细探讨这部分内容），然而，我们依然要问：难道自我分析就真的不可行吗？

如果扩展对自我分析的研究范围，就会引出一个长期存在的问题：我们能够认识自己吗？虽然“认识自我”的道路遍布荆棘，但是人们一直坚信这个目标是可以实现的，始终勇敢地追求和探索，这让我们备受鼓舞。然而，在这个问题上，如今我们的看法已经与前人的看法相去甚远。尤其是自从弗洛伊德提出他的基础研究发现以后，这个问题的复杂程度和困难程度，已经远远超出了前人的想象，甚至只是严肃地提出这个问题，就已经像是探险一样。因此，这种精神鼓舞也没有给我们带来多少促进作用。

近期，市面上陆续出版了一些指导读者改善自我、正确处理人际关系的书籍。其中的一部分书只是给读者提供了一些个人问题和社会问题方面的普适建议，很少提及“认识自我”这个问题，例如戴尔·卡耐基的《如何赢得友谊及改变他人》等。但也有一部分书籍提到了自我分析，例如最出色的作者之一——戴维·西伯里的《发现自我》等，然而，由于没有充分利用弗洛伊德所开创的精神分析法，因此书中只是给读者提供了一些片面的建议而已（注：H·D·莱斯威尔在《公意下的民主》一书的第四章“认识自己”中，对肆意的想象在自我认知方面的价值进行了分析，但并没有具体探讨自我分析，因为自我分析不是这本书的主题。——原注）。出于以上原因，我才认为应该针对“认识自我”这个主题专门写一本书。此外，很多作者对于“自我分析”缺少足够的重视和探索，例如《简要自我分析》（Self-analysis Made Easy）等，从书名就可以看出这个问题。这类书籍在某些精神病学的个性研究方面也没有体现出明确的意向。

这些尝试似乎都在强调认识自我并非难事。然而，这种观点只是一种错觉，一种自作聪明的幻想，根本无益于实现认识自我的目标。如果这种观点成为人们的信念，那么人们就会很容易以为自己已经实现了全面的自我认识，最终却大失所望；或者一旦遭受严重的挫折，就失去了全部的信心，甚至不愿再对“探索”自我的真相付出任何努力。其实，自我分析是一个艰难而漫长的过程，而且随时会给我们带来各种挫折和痛苦，因此，我们更需要为此不遗余力。只要对此有充分的认识，我们应该能够避免以上情况的发生。

如果分析师的经验丰富，那么他肯定不会盲目乐观，因为他十分清楚，患者往往需要经历艰难甚至绝望的“自我抗争”，然后才能坦然面对自己的问题。因此，分析师可能宁愿接受完全相反的结果——完全放弃自我分析。他们做出这样的选择，不仅是出于实践经验，而且有一定的理论依据。例如，分析师会提出并论证他的观点，患者只有再次体验到孩子般的渴望与恐惧，并且对分析师产生强烈的依赖感，然后才会真正地放弃抗拒。如果分析过程任由患者随意发挥，那么就算得出一些分析结果，这些也都是无效的、“纯理性”的。如果我们深入探讨这些观点（在这里我们不加以深入探讨），会发现它们最终会得出一个模棱两可的结论：即使患者的意愿足够强烈，动力足够强大，也不可能依靠自身力量克服其自我认识方面的种种阻碍。

我有足够的理由认为，对于所有精神分析案例而言，有目的地去刺激患者，都是实现目标的关键因素之一。可以肯定，假如患者为自我分析设定了目标，那么不管分析师付出多少努力，分析结果都不可能超出患者设定的目标。然而，在治疗过程中，分析师可以引导、鼓励并且帮助患者，这是患者所具有的优势（我们将在另一章中探讨这种优势的价值）。而假如由患者亲自进行分析的话，那么激发患者的内在“动力”就会成为关键，动力越大，自我分析就越具可行性。

弗洛伊德显然已经认识到，患者可以从神经症所带来的强烈痛苦中获得这种动力。然而，如果强烈的痛苦从没出现过，或者在治疗过程中消失了，那么患者就会感到无所适从，也就不可能产生这种动力了。因此，弗洛伊德又提出，患者也可以从对分析师的“爱”中获得动力，当然，这种“爱”并非为了满足性欲，而是指患者欣然接受分析师的指导和帮助，并且由此满足精神需求。这看似很有道理，然而，我们必须注意的是，几乎每一位神经症患者对于情感和他人的认可都有着过度的需求，这让他们严重地丧失了爱的能力。有些患者会自然而然地在不同程度上取悦分析师——我想，弗洛伊德应该已经意识到了这一现象——例如，毫不犹豫地全盘接受分析师的意见；再例如，明显地表现出精神分析的成果。其实，他们的行为并非源于对分析师的“爱”，而是想要以此来缓解对他人的恐惧感，或者是由于他们自认为难以建立独立自主的心态来完成这些事情，从而以这样的方式来应对。所以，治疗能否进展顺利，取决于患者和分析师之间的关系。在治疗过程中，如果患者产生了挫败感，或者受到了批评（这种情况非常容易出现），他就会全然抛开自己的切身利益，向分析师发泄怨恨情绪和报复情绪，如此一来，分析治疗就会转而变成一场战争。比起这种动力的不可靠性，分析师最需要做的是战胜它。患者往往倾向于遵循他人的意愿而无视自己的想法，这给患者带来了最大的困扰。所以，我们要做的是对其进行分析，而非利用。弗洛伊德由此意识到，对于患者来说，唯一可靠的刺激，就是他们对摆脱强烈痛苦的渴望。而且，弗洛伊德做出了完全正确的推断：这一动机会随着症状的缓解而逐渐减弱，因此不会长久地发挥作用。

也许有人会认为，如果分析治疗的唯一目的就是解决各种症状，那么这种刺激依然有必要存在。然而，事情果真是这样吗？弗洛伊德从未清楚地表明过自己对于这一目的的观点。他只是说，患者应该具备工作和享受乐趣的能力，但没有对这两种能力进行具体的说明，所以这种说法完全没有意义。他所说的工作究竟是指普通的日常工作，还是指创造性工作？他所说的享受究竟是指享受日常生活，还是享受性生活？此外，“应该把分析当作一种再教育”这一观点同样不够明确，因为他并没有解释教育的目标是什么，或许弗洛伊德从未深入思考过这个问题，从他整个研究生涯的作品中可以看出，他最感兴趣的还是神经症的治疗。他之所以关注个性的改变，仅仅是因为它可以确保消除一切症状。

所以，总体来说，弗洛伊德的目标可以从消极的角度描述为：获得“彻底的解脱”。然而，其他作者——包括我在内——都从积极的角度阐释分析目标：让患者不再被内部所限，从而可以自由发挥自己最大的潜能。这两者之间看似只有侧重点的不同，但即使事实的确如此，这种差异也足以使对刺激问题的观点变得大相径庭。

只要患者自身具备强烈的刺激，而且能够发挥全部的感官能力，使其开发已有的潜能，学会控制自己，或者简单地说，只要患者具备持续增进的刺激，即使他可能必须面对种种痛苦的折磨，从积极的角度制定的目标也仍然具有现实意义。

讲明了这一点后，事情就显而易见了，除了侧重点的不同，这件事还关系到其他事物，因为弗洛伊德已经刻意地否定了这种愿望的存在。他甚至对这种愿望表示嘲讽。在他看来，这种愿望似乎是随便想象出来的，属于幻想式的唯心主义。他认为，“自恋”的欲望使得患者迫切追求自我发展，并且表现出自负和超越他人的倾向。虽然弗洛伊德似乎总是很擅长观察事物的本质，但他几乎不会仅仅根据理论上的思考而做出假设。在这一事例中，弗洛伊德观察到的结果就是，患者自我夸大的倾向有时在其自我发展的愿望方面起到最关键的作用。他坚决否认这一事实：“自恋”并不是唯一发挥作用的关键因素。假如自我夸大的需求已经经过了分析并且得到了排除，而患者依然具有自我发展的愿望，那么相比过去，此时自我发展的愿望会表现得更加清楚和强烈。实际上，“自恋”这一因素虽然能够让愿望变得强烈，但是它们也会阻碍愿望的实现。按照一位患者所说，“‘自恋’冲动的发展基础是一种伪自我”。要想激励这种伪自我，就必须牺牲真自我。激励伪自我只会让人觉得不耻，对患者也只能采取同情的态度。根据实践经验，我得出的结论就是，伪自我消除得越快，真自我就会越受重视，越想摆脱内部制约，越渴望在现存环境所允许的范围内充实自己的生活。我认为，发挥人的潜力的愿望，或许应该属于反对进一步精神分析的努力这一范畴。

从理论角度来讲，弗洛伊德否认了自我发展的愿望与他所假定的原理有关联，也就是说，“自我”是一种薄弱的力量，受限于本能的推动、外界的约束以及良知这几种因素。然而，我一直坚信，对分析目标的不同阐释终究体现了关于人性问题的两种截然不同的哲学信念。按照马科斯·奥托所说：“人生观的终极源头，详细来说，人生观的发源地，有时忠于人类，有时则相反。如果一个人有足够的信心，并且坚信人类只要有争取的意愿，就能够获得美好的事物，那么他就会清楚应该如何去生活，并且获得符合这一信念的世界。而如果缺乏信心，则会遭遇与之相应的不如意。”这本书对梦境进行了阐释，而且在阐释时，也许还提到了自我分析在一定范围内的可能性至少被弗洛伊德委婉地认可过，因为他确实研究过自己的梦境。由于弗洛伊德的全部哲学见解均未承认过自我分析的可能性，因此这种认可便显得尤为有趣。

可是，即使我们承认患者在自我分析方面具备足够的刺激，但问题仍然存在。一些人会严肃地质问我，那些不具备专业知识和经验、未曾受过专业训练的外行人，真的能够完成自我分析吗？我是否委婉地表示，本书的第三章或第四章将会说明，患者也许能够拥有足够的特殊能力来取代专业精神分析师的作用？然而，我尚未知晓患者是否拥有这种特殊能力，我也从未打算寻找类似的替代物。但是，这似乎让我们陷入了绝境。我们真的无法继续下去了吗？一般来说，虽然“非此即彼”的道理似乎可行，但其中依然始终隐藏着一些错误。我们必须牢记这一点。在文化发展过程中，专业化的影响应该受到极大的重视，可是，同样的做法在精神分析领域只会严重伤害患者的积极性。我们都太过坚信，只有政治家才通晓政治，只有机械师才会修理汽车，只有专业的园丁才会修剪花草。当然，经过专业训练的人能够比未经专业训练的人做得更快、更好。实际上，那些未经专业训练的人往往还会遭遇惨痛的失败。然而，人们对专业与非专业之间差距的想象，反而比现实情况更为严重，因过度信赖而盲目追随专业化，同时扼杀了一切想要尝试的意愿。

这种广泛的考虑让人看到了希望。然而，我们有必要详细而明确地分析一个训练有素的精神分析师所具备的素质是怎样形成的，从而对其自我分析的能力进行正确的评估。首先，要想研究其他人，就需要在一定程度上了解潜意识力量的本质、表现形式，以及潜意识产生力量的原理、这些原理带来的影响、揭示这些原理的方式，只有掌握了丰富的心理学知识，才能做到这一点。其次，必须通过接受训练和积累经验来培养足够的能力。精神分析师必须非常明确应该如何对患者进行治疗。当收集到的资料庞杂而烦琐的时候，精神分析师必须十分清楚哪些因素需要马上解决，哪些因素可以暂时搁置。此外，他还必须具备高水平的可以“触碰患者内心”

的能力，可以说，这种能力就是第六感感知心理暗潮的敏锐性。最后，要先充分地了解自己，然后才能够分析别人。精神分析师在与患者合作时，要依靠自己的特点和规则进入另一个陌生的世界。这件事极具危险性，因为精神分析师有可能会误解、误导患者，甚至伤害患者——这种情况的出现并非由于分析师不怀好意，而完全是源于他的粗心、愚昧或自以为是。因此，精神分析师不仅要完全掌握并能够熟练运用分析技能，而且要和患者保持良好的关系。只有满足了以上三个条件，才能够承担起对别人进行分析的责任。

其实，在某些基础点上，分析别人不同于分析自己，因此我们不能把这些条件也当作自我分析的条件。我们每个人所展现的都是我们自己所熟悉的世界，这才是最大的差异。实际上，只有这个世界才是我们全然熟悉的。然而，神经症患者已经逐渐远离这个世界的大部分，并且十分希望可以对其避而不见。此外，由于过于了解自己，在他眼中，某些富有深意的因素已经变得理所当然，这种危险的倾向非常严重，并且始终伴随着他。事实上，他的世界并没有改变，所有与之相关的知识仍然存在。他需要做的就是观察，并且通过这种观察找到前往那个世界的道路。如果他愿意挖掘他所遭遇的挫折的根本原因，并且能够在挖掘的过程中战胜阻碍，那么他在某些方面的自我观察，就会比其他人表现得更加出色，无论如何，他的同行者就是他自己。在自我观察的过程中，他可以把自己比作始终守着患者的聪明的护士。无论如何，精神分析师每天只会对患者进行不到一个小时的观察。虽然精神分析师的观察方式、观察力和推断力都更为出色，但是护士却拥有更多的观察时间。

这个事情体现了自我分析方面的一个重要因素。实际上，专业精神分析师所必备的第一个条件被弱化了，第二个条件被取消了——分析自己无须像分析别人那样运用太多心理学知识，也无须使用什么策略和技巧。这些方面并不是自我分析过程中的最大阻碍，而让我们忽略潜意识力量的情感因素才是最大的阻碍。宣称最大的阻碍是情感而非理智，这完全符合这一事实：与我们试图相信的情况截然相反，在自我分析的过程中，精神分析师所具备的条件并不比外行人更有优势。

因此，我认为，理论上并不存在什么严谨的理由能够证明自我分析是不可能的。即使很多人被自身问题严重困扰，以至于依然无法进行自我分析，即使自我分析始终无法在效率和准确度上与专业精神分析师同日而语，即使现存的某些障碍只能依靠外力来克服。然而，以上列举的理由都不足以证明这项工作从原则上来讲是不可行的。

无论如何，我不应该仅凭对理论的思考而大胆提出自我分析这一问题。只有当自我分析的可行性得到了证明，才会有胆量提出这一问题，并且严谨地对待它。这些是我本人所积累的经验；我的工作伙伴也有这些经验，并且详细地对我描述过；我的一些患者也有这种经验，他们在我的鼓励下，在分析治疗以外的时间里努力地进行自我分析。在这些进展顺利的试验过程中，所面临的不仅是表面上的那些挫折。事实上，大家往往会认为，即使有精神分析师提供帮助，也不可能解决那些试图去解决的问题，然而他们却能够依靠自身的优秀条件去解决。在开始自我分析之前，这些患者都已经对分析的过程有所体验，这意味着他们已经清楚了应该怎样对待问题，这些体验让他们明白，在分析的过程中，对自己坦诚是最有益的做法，即使这样做会带来残忍的感觉。如果他们对分析的过程未曾有过体验，那么就无法判断是否具备自我分析的可能性，或者在什么条件下具备可能性。然而，还存在这种鼓舞人心的事情：很多患者之所以会接受治疗，是因为他们已经确切地认识到了自己的问题。这种认识当然不够充分，但是他们在没有任何经验的情况下认识到这些也是确凿的事实。

由此可见，自我分析可行性的关键条件可以总结为：如果患者具备足够的自我分析能力——我们在后文中再探讨这个问题——在分析治疗的间断期，他往往可以承担自我分析的任务。例如节假日，由于出差或私人原因离开所在地，外出，以及其他各种分析治疗的间断期，只有少数的几座城市拥有专业的精神分析师，在其他城市居住的人们就会尝试进行自我分析，偶尔也会前往精神分析师的所在地来做检验。即使是那些与精神分析师居住在同一座城市的人，偶尔也会受限于经济条件而无法定期治疗，从而做出上述选择。有些人只接受过初步的分析，此后他们很有可能进行自我分析。最终——这里要打一个问号——自我分析在外界分析极度不足的情况下是可行的。

这里又有另一个难题。即使受条件所限，患者可以做到自我分析，但自我分析究竟是否具备可行性？如果没有专业人士的指导，自我分析是否会像使用武器一样充满了危险，从而只能放弃？难道弗洛伊德从未拿精神分析与外科手术进行过比较？——即使清醒地进行自我分析并不会使人丧命，而失败的外科手术则相反。

不管怎样，忽略自我分析这一问题，从而无法得到人们的理解，这没有任何益处，所以，我们不妨具体探讨一下自我分析的危险性大致都有哪些。首先，很多人认为这会使得有害的自我省察蔓延，给一切形式的精神分析造成阻碍——如今，这种反对力量已经变强了，而且还会继续变强。但我希望可以再次进行探讨，因为我坚信，如果精神分析缺乏指导或者只有少许的指导，那么这种反对的声音将会变得更加强烈。

认为精神分析是让人展现出更多的自我省察，这种反对观点似乎仅仅源于人生观——《已故的乔治·埃普勒》中清晰地体现了这一观点。在这本书中，人与人之间的情感以及个人的努力没有丝毫价值，只有适应环境，成为团队中的忠实成员，才是最应该做的事情。因此，个人的顾虑或欲望必须受到限制，自我克制成为崇高的美德。无论以什么形式，只要过多地考虑自己，就是自我放纵和自私自利。另一方面，精神分析最大的特点就是对别人负责，也对自己负责。因此，应该重视个人追求快乐的正当权利，这种快乐也包括精神自由和人身自由。

每个人都必须在这两种人生观的价值中做出选择。如果选择前者，那么他肯定认为过多地考虑自己以及自己的事情是错误的，因此就无须再和他争论精神分析的问题。我们可以做到让他不必再有顾虑，一般来说，精神分析的结果就是让人不再过分自私自利，并且能够与他人建立稳固的关系。然而，他最多只会做出稍许的让步，认可自我省察的方式或许有其价值但仍存在争议。

而选择后者的人绝不会认为有必要在自我省察的问题上进行争辩。对他来说，了解自己和了解所处环境中的其他因素有着同等的重要性。探索自己的真实面目与探索其他生活具有同样的价值。他面临的问题只有一个：自我省察究竟是有益的还是无益的？我认为，如果自我省察的目的是实现人类更完美、更富足、更健康的愿望，是实现自我认识以及改变最终目标，那么它就具有可行性。如果自我省察仅仅是为了自我省察，仅仅是由于心理上对任何目标都没有兴趣，从而以追求艺术的名义进行自我省察，那么它很容易就会退化为像郝思顿·皮德森所说的那种“疯狂心理症”。如果自我省察仅仅是沉迷于自我欣赏或自我怜惜，默默地对自己进行思考，毫无理由地对自己进行指责，那么它同样毫无意义。

现在，我们触及了最关键的问题：自我分析是否会轻易地退化为那种毫无目标的默默的思考？根据我与患者的对话经验，我坚信普遍性的危险是不存在的，这或许与人们的想法相左。这一假设似乎是正确的：这种观点只能征服那些与精神分析师合作时想要始终徘徊在这条死胡同中的人。如果缺少指导，这些人就会陷于毫无意义的瞻前顾后之中，不知如何是好。然而，即便如此，虽然他们在自我分析方面做出的努力必定是无效的，但基本也不会有害，因为这种默默的思考并不是精神分析引起的。他们默默地思考着自己的腹痛、自己的外表、自己犯下的错误，以及别人在他们身上犯下的错误，或者在接受精神分析之前沉浸在自己精心设计而又毫无目标的“心理解说”中。为了让自己在原本的生活环境中的正常活动能够维持下去，他们把精神分析当作或是随意当作正当借口：它给出了循环运动就是坦诚的自我检验这一假象。因此，我们不应该在自我分析所导致的危险中来评估这些尝试，而应该在限制力的范围内来评估。

由于自我分析具有一定的危险性，因此，最重要的问题应该是，探讨它是否必定会让个人受到伤害。患者在独自进行这种具有危险性的尝试时，是否会挖掘出他无力对抗的那些潜能？如果他意识到了具有关键性作用的潜意识矛盾，然而又无法解决这种矛盾，那么他的内心是否会产生严重的烦躁、失落情绪，或是一蹶不振，甚至自杀？

关于这一观点，我们一定要区分暂时性的伤害和永久性的伤害。一切精神分析必然都会导致暂时性的伤害，因为患者在接触到那些被压抑、隐藏的东西时，必定会激发出此前以他自己的方式抑制下去的焦虑感。同样，此前早已消失的愤怒、不满情绪，肯定也会因此而再次爆发。这并不是因为精神分析让他了解到了极端的罪恶和卑劣，从而导致这种打击具有了如此严重的后果，而是因为精神分析使他的心理失去了平衡——虽然此前的心理平衡并不具有稳定性，然而，当他迷茫地徘徊在人生的十字路口时，这种平衡曾经让他避免陷于沮丧之中。在后文中，我们还会继续探讨这些短期内无法解决的本质问题，因此，这里仅简单叙述出现的事实。

在分析的过程中，当遇到这种困扰时，患者会感觉十分苦恼，或许还会旧病复发，只有在这种情况下，他才会自然而然地产生悲观情绪。这些复发的旧病症往往用不了多久就会消失。有了全新的自我省察之后，它们会完全消除，并且得到进一步的坚固情感。这种旧病复发的情况表明，患者在改变人生的道路上遭遇了不可避免的挫折和痛苦，旧病复发也是所有建设性程序中的一个步骤。

这些内部正在发生重大变化的患者最需要得到精神分析师的帮助。我们坚信，在专业人士的协助下，整个分析过程会变得更加简单。此时，我们需要考虑一种可能性，即患者或许无法以个人的能力来克服这些困扰，因此才会受到难以恢复的创伤。又或者，他觉得自己已经完全失去了定力，并且可能会因此而不顾一切地做出某些行为，例如疯狂驾驶或沉迷赌博，危及自己的生命，甚至想要自杀。

根据我对自我分析的观察，这种非常糟糕的结果并未出现过。然而，我的观察毕竟是有限的，并不能因此得出确切的结论。例如，我无法证明一百个人中只有一个人遇到过这种糟糕的结果。然而，可以确定的是，自我分析的危险性非常小，甚至微不足道。通过对所有的精神分析案例进行观察，可以发现，患者在自己进行全新的自我省察之前，完全能够做到自保。如果他们得到的解释会危及他们的自身安全，那么他们肯定会下意识地拒绝。他们也许会忘记它，也许不让它再发挥作用，也许不再与之争论，也许仅仅把它视为带有偏见的批判，进而对其产生怨恨。

我们可以确切地得出这一假设：这些自保力量在自我分析的过程中发挥了作用。以自我分析为目标的人不会进行那种只会让自己陷入困境的自我省察。他在说明这些自我省察时，可能忽略了某些基本点。或者他只是会设法迅速而又表面化地改变那些他始终觉得错误的态度，进而停止更加深入的调查分析。因此，自我分析的危险性其实比专业的精神分析还要小，因为患者的直觉能够指导他回避某些问题。而精神分析师，尤其是敏锐的精神分析师，也许会出错，进而在患者身上采取错误的处理方式。此外，在自我分析的过程中，过于回避问题能够带来的最坏结果就是没有任何收获，但即使是这样的结果，也好于实际的伤害。

如果一个人确实经过了彻底的分析，对于困扰他的那些本质问题进行了深刻的自我省察，那么我坚信，我们需要深入思考的问题会有很多。首先，让一些真实情况呈现出来，揭露这些真实情况之后，在困扰的感觉依然存在的同时，还会产生一种摆脱束缚的感觉。在揭露任何真实情况的过程中，都会伴随着摆脱束缚的力量，或许刚刚揭露出来，这种力量就取代了困扰的力量。如果真是这样，就会立刻带来欣慰感。即使困扰的力量十分强烈，对处理问题的最初认识仍然会伴随在揭露个人真实情况的过程中。即使目前对于这种认识还不够了解，人们的直觉依然会提醒自己它的存在，而且还会产生更进一步的行动力。

我们需要思考的第二个问题就是，即使这种真实情况会给人带来恐慌感，这种恐慌也只是像严谨的顾虑一样。比如说，如果一个人已经在不知不觉之中被引导着逐渐走向自我毁灭，而且他自己也对此有所发现，那么比起他在不知不觉之中被引向毁灭所面临的危险，能够清楚认识到这种引导他的力量，反而会让他所面临的状况稍好一些。虽然这种认识令人恐惧，但是，它必定也会激发出那些具有消除作用的自保力量，即使他同时还具备一些渴望活下去的意志力。无论他是否进行分析，渴望活下去的意志力都必定能够让他的精神免于彻底的崩溃。更加具体来说，如果一个人有足够的勇气揭露自己糟糕的真实情况，那么我们就可以确信，他也有勇气接受完整的精神分析。他已经取得了如此的胜利，仅凭这一事实就可以证明他的意志力相当强大，足以与自己做斗争，从而能够保证自己不会陷入精神崩溃的状况中。然而，从竭尽所能地开始解决问题，到解决好问题，并且把愿望和实际情况统一起来，这样的自我分析或许会经历一段漫长的过程。

最后，我们必须牢记，在分析过程中，那些真正给人带来恐惧感的困扰，往往并非仅仅源于无法在分析中得到合理的解释，而是源于这样的解释或者整个分析情况，让患者对精神分析师产生了直接的怨恨心理。如果这种怨恨隐藏得很深，那么它就无法发泄出来，从而演变成自我毁灭倾向的一部分。自我毁灭很有可能就是怨恨精神分析师的一种表现形式。

如果一个人确实处于一种自我省察的状况中，而且情绪十分烦躁，那么唯一可以做的就是继续与之搏斗。又或者小心行事，避免受到向别人推卸责任而使自己免于省察的引诱。这样的小心行事是合情合理的，因为如果他越发倾向于把因自己的缺点而引发的责任推卸给别人，那么只要他还没有意识到自己必须承担责任，而一旦他揭露了自己的缺点，这种倾向就会在自我分析的过程中得到强化。

因此，我认为，在允许的范围内，自我分析相对来说并不会带来太大的实际伤害。毫无疑问，在自我分析过程中，各种退缩都会出现，其最主要的影响就是，无法把分析的过程坚持到最后，所以，退缩的本质和范畴多多少少具有一定的严重性。要想挖掘并处理好某个问题，或许要花费更加漫长的时间。然而，这些退缩也包含了很多抗拒元素。可以肯定的是，这些元素能够让自我分析满足患者的需求，从而更加适用于患者。首先，上述的那些明显的外在元素也包含在其中。受到经济、时间、居住地等条件所限，一些人无法定期接受分析治疗，自我分析非常适合这部分人。甚至对于那些正在接受分析治疗的人来说，如果他拥有足够的勇气在分析治疗的中断期或者分析治疗的过程中独立进行积极的自我分析，那么这样的努力将会加快整个分析的进程。

除了这些明显的原因，那些可以进行自我分析的人还会得到一些其他的收获。这种自我分析的特点就是，比起有形之物，更加注重精神方面的探索，然而，真实的东西依然存在。这些收获可以视为自信心随着内部力量的变强而增强的结果。只要精神分析能够顺利进行，自信心必然会得到增强。如果一个人仅凭自己的积极性、勇气以及坚韧的精神，就攻克了某个领域，那么他必定会在攻克的过程中得到其他的收获。与人生中的其他领域相同，精神分析的这种作用也完全需要靠自己来开辟新的道路，这条道路会比原先的道路给人带来更强大的力量。这样的成就能够让人产生确切的自豪感和自信心，坚信自己有能力战胜困境，并且坚信自己在缺少指导的情况下不会束手无策。

第二章

神经症的驱动力

如前文所说，由于精神分析能够把人们引向比较好的发展方向，因此，在精神症的治疗方面，精神分析不仅具有临床上的价值，还具有人性上的价值。运用其他方式也可以实现这两种目标，但是精神分析与众不同的地方就在于，它尝试利用人与人之间的理解，而不只是借助怜悯、宽容以及对关系的直觉，因为只有相互理解，才能够了解人类。最重要的是，精神分析能够通过努力而获得关于个性的更加准确、更加完整的图像。这些都是运用揭露潜意识因素的特殊技能才实现的，弗洛伊德已经明确地阐述过其原因，如果完全不了解潜意识的力量，那么就不可能获得这些图像。弗洛伊德让我们得知，这种力量将会促使我们产生与自己的理智背道而驰的行为、情感和反应，它们很有可能破坏我们与所处环境之间的融洽关系。

每个人无疑都具有这种潜意识动机，然而它们并不总是带来困扰，只有在出现困扰时，才有必要挖掘和了解潜意识因素。当我们在描述或书写自己的见解时，无论受到怎样的潜意识力量驱使，只要我们能够保持最理智的状态，就无须花费过多的精力去思考这种力量。无论我们受到哪种潜意识动机的引导而学会了爱或奉献，只要这种爱或奉献让我们在生活中获得了具有积极意义的满足感，那么我们就必定不会对这种动机感兴趣。如果我们非常渴望获得生产性工作或人际关系方面的显著成就，然而最终却只获得了失望或沮丧，或者虽然我们付出了努力，然而一切尝试都陆续以失败告终，我们消极地意识到这些失败并非源于外部环境，此时，我们就不得不思考潜意识因素了。总之，如果我们的目标被内因所阻碍，那么我们就必须审察自己的潜意识动机。

这种潜意识动机是弗洛伊德提出来的，人们已经将其视为人类心理的一个基本事实，并且加以认可，人们可以通过各种途径积累潜意识动机方面的知识，对于这一主旨，在此就不赘述了。一开始，弗洛伊德完成了《精神分析导论》《日常精神病理学》《梦的解析》等作品，艾福斯·亨得科也完成了《精神分析病例与理论》等作品，对弗洛伊德的理论进行总结。还有一些作者试图竭尽所能地传承弗洛伊德的基本见解，并且在各自的作品中加入了很多宝贵的见解，例如哈利·史塔克·苏利文的《现代精神病学概论》，爱德华的《临床范围之外》，埃利斯的《逃避自由》，我本人的《我们时代的神经症人格》《精神分析的新方向》，马思勒与贝罗合作的《不正常心理的原则》，弗里茨的《人格的发展与教育》，这些作品都值得阅读。涉及哲学领域的作品，特别是艾默生和苏克班哈那的作品，向那些虚心的读者展示了心理学领域的宝贵知识。在心理学领域，莎士比亚、巴尔扎克、陀思妥耶夫斯基、易卜生等作家都展现了丰富的知识，就像查尔斯的《野鹅及其追逐法》那样。通过审察周围的环境，我们必定能够学到很多知识。

这种潜意识动机的存在及其成效的知识，有助于引导精神分析的尝试，尤其有助于那些致力于实际的分析而非停留在口头上的人。它或许能够有效地逐步揭露种种因果关系，然而，对于那些更详细的精神分析，就需要更加有意识地挖掘给进展带来阻碍的潜意识因素。

要想了解人格，那么至少要挖掘出人格中隐藏的驱动力。要想了解受到困扰的人格，那么至少要挖掘出造成困扰的驱动力。

目前，我们已经有了更大的分歧。弗洛伊德认为，这些困扰源于环境因素与压抑性潜意识的本能欲望之间的矛盾。埃德勒认为，这些困扰源于人们宣扬的各种超越他人的方法，这一观点比弗洛伊德的观点更加理性、鲜明。荣格认为，虽然各种潜意识的幻想或许具有创造性，但是由于这些源自幻想的潜意识的努力恰恰违背了那些意识思维中的努力，因此潜意识的幻想或许会导致糟糕的结果，这一观点比弗洛伊德的观点更具神秘色彩。我则认为，无论所遭受的心理困扰是懦弱、失落还是孤独，它们的主旨都是在为生存而斗争的过程中增强的潜意识努力。我把这些心理困扰称为“神经症倾向”。我的观点与弗洛伊德和荣格的观点截然不同，而且与正确答案相距甚远。然而，每个探索未知世界的人都对自己渴望得到的答案心怀幻想，只不过无法保证自己的幻想完全正确。即使幻想并不正确，也会对此有所意识。目前，心理学领域尚不具备足够的知识，这种现实情况对于我们或许是一种慰藉。

这么说来，神经症倾向究竟是怎样的呢？它们的根源、特点、影响以及在生活中的作用都是什么呢？必须再次强调的是，潜意识是构成它们的根本元素。一个人或许发现了它们的作用，即使这或许会让他只愿意相信自己的个性是值得赞美的。比如说，如果他出现了某种神经性的情感需求，那么他会觉得那些美好的、人见人爱的气质是他自身所具备的。如果他完全受控于神经性的完美主义，那么他会觉得自己天生就比其他人更加有条不紊，而且不会犯下一点儿错误。他甚至或许会在意识到这种结果正因某些动力而形成的时候，或者在他开始注意到这些情形的时候，就能够辨别出它们。比如说，他或许会发现自己是缺爱的，或者试图让自己变得完美。然而，他必定不知道自己在何种程度上受控于这些努力，他的人生在何种程度上受到了这些努力的决定性影响，以及他为什么会被这些努力施以如此强大的力量。

强迫本质是神经症倾向最重要的特点，它有两种表现形式。其一是不加选择地追求目标。如果是一个人所必备的情感，那么他能够从朋友、仇人、上司或对手那里获得。如果一个人被想让自己的一切都很完美的情绪所困扰，那么他的心理状态将会失衡。即使是想把自己的办公桌摆在正确的位置这种不值一提的小事，也会让他产生犹如想要做出一份完美的重要报告那样的迫切感。他甚至会全然不顾现实情况和自身利益，只为达到那些目标。比如说，如果一个女人把自己生命的责任全部交付给一个男人，那么她根本不会考虑这个男人是否可靠，也不会考虑自己是否爱他，他是否值得她尊重，以及和他一起生活能否获得真正的快乐。如果一个人决定要独立自主、自力更生，那么他就不会让自己被任何人、任何事限制住，而完全不顾这会让自己面临多么严重的危险。通常来说，对于这种不加选择的行为，患者本人是无法意识到的，但其他人却能够轻而易举地看出来。然而，旁人往往只会在这些特殊的倾向对他不利，或者违背了他原本所认可的形式时，才对这些不加选择的行为印象深刻。比如说，他会注意到强迫的抵抗性行为，而不会注意到强迫的服从性行为。

神经症倾向的强迫本质的第二种表现形式是一种焦虑反应，它之所以会不断产生，是由挫折而引起的。这一特点具有特殊的意义，因为它完全体现了这些倾向的安全性。如果一个人受到了严重的惊吓，那么无论这种惊吓是由他自身引起的，还是由外界引起的，这些强迫性探索都将无法发挥任何作用。一个人如果犯了错误，即使他是个正常人，心理上也会有恐惧感。一个渴望获得极度自由的人必定会害怕所有使他受困的状况，无论是结婚，还是租房子。巴尔扎克在其作品《使皮球懊恼》中，对这种害怕的反应进行了精彩而详细的阐释。作品的主人公始终坚信，他只要说出任意一个愿望，他的寿命就会随之缩短，因此，他迫切地渴望摆脱这种状况。然而，有一次，他一不留神又说出了一个愿望，即使那个愿望实在不足挂齿，他的内心仍然被强烈的恐惧感占据着。这个例子表明，神经症患者在生命受到威胁时，内心就会充满恐惧情绪。如果他不再完美，不再具有完全的自主性，或者失去了那些能够证明他需求标准的东西，他就会产生一种“一切都完了”的感觉。这种安全价值是神经症倾向的强迫特征形成的关键原因。

我们只需要观察这些倾向的根源，就能够比较清楚地认识到它们带来的影响。这些倾向在人一出生的时候就形成了，是天生的气质和外部环境共同作用的产物。在父母的严格管教下，孩子的性格是温顺还是顽劣，不仅取决于父母施加的压力，还取决于孩子天生的性格，比如说，外向的程度，天生比较温顺或强势等。我们对外部因素的认识反而比气质因素更加清晰，而且外部因素会带来更加具体的情感变化，因此，我打算只对这部分原因进行分析。

外部环境时时刻刻都在影响着孩子，需要注意的是，这些影响给孩子成长带来的是利还是弊。在成长过程中，孩子与父母、兄弟姐妹以及周围其他人之间的关系，才是造成孩子会有哪种倾向的重要原因。如果家里的气氛和睦，家庭成员彼此关爱、互相尊重，那么孩子一定会成长得很顺利。

可惜的是，在文明世界中，有着太多极其不利于孩子成长的环境因素。虽然父母的出发点总是好的，但是他们或许给孩子施加了过多的压力，导致孩子完全失去了主动性和创造性。令人窒息的爱和强迫的混合，专制和赞美的混合，都有可能存在。父母可能会告诉孩子外面的世界十分危险，并且以此恐吓他们。孩子可能会受到父母的强迫，从而不得不与其中一方共同抵制另一方。父母正在破坏一种融洽的关系，使之变成单方面的专制，他们或许都不曾料到事情会发展成这样。尤为关键的是，这会让孩子觉得自己人生的意义就是按照父母的期待去生活——追求父母制定的标准和理想，提高父母的声誉，盲目地顺从父母。可以说，他完全没有认识到自己的权利和义务。这一切往往是在不知不觉中发生的，因此，这种行为带来的影响会越发严重。此外，这样的结果往往源于多种负面因素的相互作用，而非只有一种。

这种生活环境导致孩子无法建立正确的自尊心。他的内心充满了担忧、焦虑、恐惧、孤独、愤怒等情绪。起初，面对周围的力量，他不知如何是好，但凭借着直觉和经验，他会逐渐发展与生存环境做斗争并让自己免受伤害的方式。他会竭尽所能地慎重对待身边的人。

在整体环境的综合作用下，他给自己培养出了特殊的能力。一个孩子发现，顽固的叛逆和偶尔发脾气能够避免一些麻烦事的发生。他把自己囚禁在由自己做主的小岛上，把其他人都挡在外面，他厌恶所有针对他的命令、建议或期望，因为它们威胁、侵略到了他的私密世界。另一个孩子即将走上一条狭窄的道路，他只有抹去自己和自己的情感，盲目地服从，才能在某一处获得仅有的一点儿补偿，拥有属于自己的一小块自由天地。这些未受侵犯之处具有原始而伟大的意义。起初，它们仅仅意味着一个人躲在浴室里自慰，后来则发展到大自然、书本、想象出来的世界等等。第三个孩子的方式与第二个孩子完全相反，他并不会完全忽略自己的情感，反而完全服从于父母，进而从这种强大的力量中获得支撑感。他会去学着喜欢父母喜欢的东西，讨厌父母讨厌的东西，盲目地复制父母的日常生活模式和人生观。他或许会难以忍受这种倾向，但同时他也会因此而激发出满足自己的热情。

神经症倾向的基础就是这样形成的。他们描述了一种在不良环境下的生活方式。只有具备了这些基础，他才能消灭自己的生活方式，消灭担忧、恐惧和孤独情绪。然而，这些基础也会让他产生潜意识的情感，换句话说，在各种争执铺就的道路上，他必须站稳脚跟，从而避免屈从于给他带来威胁的那些危机。

我始终坚信，只要充分地了解了孩子在童年时代的所有具体的生活状况，就能清楚孩子的某种特点是如何形成的。要想证实这个观点，就必须具备丰富而详尽的孩子的成长记录，因此，在这里是绝对不会进行证实的。其实，也完全没有必要进行这种证实，只要具备与孩子共同生活的丰富经验，或者能回忆出孩子在发展过程中的状况，这个问题自然能够得到考证。

当这种最初的进展已然发生，是否有必要继续进行下去？如果生活环境已经让孩子习惯了顺从，出现了抵触情绪，而且缺乏自信心，那么他还需要维持这样的状况吗？答案是：虽然他必定要具备防御能力，然而，他依然极有可能还在维持这样的状况。或许在最开始的时候，这些缺点会因环境的改变而消失或被稍稍克服，甚至在很久之后向着好的方向发生转变。比如说，遇到一位能够理解他的老师，与一位朋友、恋人或同事建立关系，或者拥有了一份有趣的工作，这份工作与他的性格非常匹配，并且可以充分施展他的才能。可是，如果缺少强大的力量来消除这些缺点，他就会受到严重的威胁，原本的倾向不仅会始终保留，而且最终会永远成为他人格的一部分。

想要弄明白这种延续性，就必须彻底了解到，这些倾向比孩子抗拒严厉的父母从而获得有效自保的策略更为严重。由于内部原因的发展，孩子在解决日常生活的时候，只会以这些倾向作为策略。野兔在面对危机时，会采取避免战斗的策略——这也是孩子所采取的唯一策略。他绝对不会选择战斗，因为他根本无力战斗。同样，孩子在艰难的环境中形成了一种生活态度，这些态度主要体现在神经症倾向上，他无法按照自己的期望去改变，只能任其发展。然而，人与野兔还是有区别的。野兔的天性决定了它只能以这种方式应对危机，可是，人类只要天生具有健全的头脑和身体，就必定还具备其他潜能。他之所以会延续自己特殊的生活态度，不仅是因为他的个性受到了限制，还因为他所有的懦弱、压抑和脆弱，他被错误的目标和对世界不切实际的看法所限制，因而他只能选择这些方法。总之，这让他的性格变得十分顽固，不愿做出任何改变。

对这一观点进行论述的方法是将孩子和成熟的大人作对比，看他们在人际关系中会遭遇怎样的困境。需要牢记的是，下文中所做的对比仅体现于论述上，并不期望解决这两种情况中所包含的全部因素。我想到了现实生活中的一位患者，她的名字叫作克莱尔。我们以后再讲和她有关的精神分析。她的母亲是个十分虚伪的人，始终渴望得到孩子的尊重和毫无保留的爱。她是一位职员，当然，她也没有心理疾病。她的人品与她的老板如出一辙，都很自负，觉得自己非常值得别人尊重。他们都十分专横，无法平等地关爱他人。如果他们感觉自己没有受到尊重，或者意识到有人试图批判他们，他们就会对其产生敌对心理。

面对这样的状况，如果职员有足够的理由继续留在自己的工作岗位上，他多多少少会下意识地想要提高自己控制老板的能力。于是，他会避免随意批评老板，而且还会尽力赞美老板的全部优点，从来不会认可老板的对手。他会全然抛开自己的想法，完全支持老板的计划。在说出自己的观点时，让老板觉得他早已开始实施了。这会让他的个性发生怎样的改变？他会蔑视无懈可击的辨别能力，而青睐欺骗的本领，并且一直欺骗下去。然而，由于他自己也有自尊心，因此，他觉得这种状况并不会让他失去体面，反而会让老板丢脸。如果他的老板换成了其他人，他就会相应地采取不同的方式。

了解神经症倾向的关键在于，要能够辨别神经症倾向与这种特殊策略的不同之处，否则就无从得知它们的力量和普遍性，从而像阿德勒那样，犯下过于简单和理性化的错误，最终很容易把它当作一项治疗学工作。

由于克莱尔的母亲与那位老板人品相似，因此，可以将克莱尔的情况与那位职员作对比，但有必要对克莱尔进行更具体的分析。她并不受欢迎。她的父母感情不好，在生下一个男孩后，她的母亲原本不打算再生了。她的母亲在怀她的时候，曾经多次想要打掉她，然而最终没有成功。母亲并没有虐待她，也没有恶意歧视她：她在物质方面的待遇和哥哥相同，一样去上学，一样得到很多礼物，甚至在同一个音乐老师门下学习。可是，在一些非实质性的事情上，她得到的就不像哥哥那么多了。她不受关注，身边的人完全不关心她的成绩和她心中无数的小心思；当她生病时，没有人关心她，身边的人完全不在意她是否在场；别人从不称赞她的相貌和成绩，没有人愿意和她交朋友。她被母亲排斥，无法参与母亲和哥哥之间的亲密关系，即使对孩子来说，这种关系并没有什么特殊意义。她的父亲不知如何是好。他是一名乡村医生，经常出门在外。克莱尔有意培养父女之间的感情，可是，他对两个孩子完全不关心。他只爱他的妻子，但是这种爱完全无效。最后，母亲居然公然嘲笑她，还蔑视她。母亲掌握着家中的大权，深谙人情世故，而且毫无魅力。显然，母亲厌恶、蔑视父亲，甚至公然让她去死。这一切都给克莱尔的情感世界造成了极大的影响，让她觉得只有与强大的人为伍，才能获得安稳。

这样的状况导致克莱尔从未找到机会培养自信心，她没有足够的理由去反抗，她的心中充满了烦躁、愤怒和怨恨的情绪。她始终觉得自己是个不正常的人，还因此被人嘲笑。虽然母亲和哥哥都很清楚她是因为受到了不公平的对待才会这样，然而他们却宣称是克莱尔自身的恶劣个性让她变成了这样。克莱尔长期被不安情绪笼罩，很容易认同别人眼中的自己，从一开始就觉得错的只有自己。母亲是那么的美丽，极具吸引力，每个人都喜欢她；哥哥机智聪明，充满了活力；与他们相比，她只是一只丑小鸭而已。她坚信自己是个非常不讨人喜欢的女孩。

起初，她基本上都是受到身边人明确且有理有据的责备，现在，她却受到自己不明确且毫无根据的责备。这种改变具有重大的意义，它可以让我们意识到，它所带来的影响，比接纳其自我评价的关键问题更为严重，还意味着她隐藏了对母亲的怨恨情绪。如果错的只有她自己，那么她就毫无理由怨恨母亲。压抑怨恨的潜意识仅仅是她迈出的第一步，代表着她与那些赞同、迎合她母亲的人站到了一起。更进一步，她会屈服于大部分人的观点，尽力反对一切不尊重母亲的人和事物，即使她并没有足够的理由。相比在母亲身上找缺点，在自己身上找缺点是更安全的做法，只要成为母亲的追随者中的一员，她就可以免于孤独，免受漠视。与此截然不同的是，她还渴望得到爱，至少不再被排斥。对爱的渴望不会损伤她的物质利益，反而必定能够让她获得有用的礼物。与所有喜欢受到赞美的人一样，母亲也会十分慷慨地奖励那些尊敬她的人。克莱尔从丑小鸭的境遇中走了出来，不再受到蔑视，成为优秀的母亲的女儿，因此她自己也是优秀的。她的自信心受到了严重的损伤，取而代之的则是在外界赞美的基础上建立起来的虚假自豪感。

从发自内心的反抗到虚伪的赞美，这种转变耗尽了克莱尔原本就很微弱的自信。用一种不太准确的术语来描述，那就是：她丢失了自己。她几乎忘记了自己的爱、怨恨、恐惧和欲望。她不再愿意表现自己的爱，甚至没有能力再表达愿望。虽然她看起来显得很开心，但实际上，她内心深处感觉自己不配得到爱。因此，当她终于遇到爱她的人时，她不知道这种爱所具有的价值，从而以各种方式拒绝对方。有时候，她会觉得喜欢她的人看错了她，她并没有值得别人喜欢的地方。有时候，她还会觉得，别人之所以喜欢她，是因为感激她的帮助，或者是以后可能有求于她。这种怀疑给她的人际关系带来了负面影响。她不知道什么事情必须受到批评，她会潜意识地按照同一套标准行事——相比批评别人，更好的方式是赞美他。这种态度限制了她的才能。其实，这种才能十分难得，恰恰是由于这种态度，她才会觉得自己又笨又蠢。

这些原因让她产生了两种神经症倾向。其一是强迫式的谦逊，甚至压抑自己的愿望和请求。她因此而将自己摆在不重要的位置上，只考虑别人，不考虑自己，而且总是觉得别人是对的，自己是错的。除非她遇到可以依赖的人，可以获得保护、慰藉、鼓励和肯定，而且这个人可以对她负责，给她一切她需要的东西，否则，即使是在这种有限的范畴内，她依然无法安心。她需要这些，因为她没有能力掌控自己的人生。这让她又多了一个需求，她迫切地需要“同伴”，无论是好友、爱人还是伴侣，只要是能够依赖的人都可以。她会服从于对方，就像服从于自己的母亲一样。而且，如果对方能够一心一意地爱她，她那受损的自尊心就会获得修复。第二种神经症倾向，是迫切地需要超越旁人，而且要比他们更强大，这种倾向同样旨在修复受损的自尊心，但同时还包含了因长期受到屈辱和伤害而累积起来的报复因素。

至此，对我们所陈述的情况进行比较和总结：职员和克莱尔都形成了自己的策略以应对自己所面临的状况，他们各自的能力都是让自己融入所处的环境中，而且以赞美的态度来讨好自己的掌控者。因此，大致来说，他们的反应基本相同。但实际上，这两者之间依然有着不同之处。职员的自尊心没有受损，没有丧失批判的能力，也没有压抑自己的愤怒情绪。然而，克莱尔的自尊心受到了伤害，她压抑所有怨恨和愤怒的情绪，抛弃批判能力，让自己变得十分谦卑。简单来讲，那个大人只是改变了自己的行为方式，而那个孩子却改变了自己的人格。

神经症倾向这种顽固的渗透性本质具有潜在的治疗意义。患者总是希望一旦意识到强迫的需求，就可以立刻丢掉这些想法。然而，如果他们持续被自己的倾向所掌控，而且这种倾向没有任何减弱的迹象，那么他们就会感到十分沮丧。以下这些愿望确实并非不切实际：某些并不严重的神经症在被发现之后确实消失了，我将在“偶尔的自我精神分析”一章中通过一个事例探讨这个问题。但是，在更加严重的神经症中，这种希望是实现不了的，就像失业这个社会性灾难问题不会仅仅因为被意识到就能够立刻得到解决。无论是社会问题，还是人格问题，都需要分析那些导致毁灭性倾向以及让这种倾向延续下去的力量，如果条件允许，还需要掌控这些力量。

我重点说明了神经症倾向所涉及的安全问题。如前文所讲，这些特征源于强迫的性格。然而，绝不能忽略神经症倾向所形成的满足的情感或者对满足的渴望。虽然这种情感或渴望会发生程度上的改变，但永远不会消失。在追求完美或者强迫式的谦逊等神经症倾向中，最关键的部分就是自保。在其他一些神经症倾向中，会有极其强烈的通过胜利而获得或者渴望获得的满足，从而导致这种斗争具有拼死搏斗的特征。例如，神经症患者需要依赖，因此，他往往会对即将掌控自己人生的人抱有极大的期待，希望从对方那里获得快乐。在治疗过程中，强烈地请求获得或者渴望获得满足的愿望将会给治疗带来负面影响。

神经症倾向有很多种分类方式。那些渴望亲近他人的症状与那些冷漠、疏离的症状形成对比。总体来说，各种形式的依赖症状与追求独立的症状都能形成对比。病态自负的倾向可以和生活压抑组成一对。强调个性与适应或扼杀个性属于同一类，自我膨胀与自我贬损属于同一类。然而，这些分类都是彼此交织的，因此，将其展开并不说明任何问题。所以，我只想列举出目前表现明显的神经症倾向，这些倾向都是可以被描述的整体。可以肯定的是，我列举的这几条并不完整，也没有确切的分类。必定还有其他倾向，一种独立倾向的整体也有可能变成另一种倾向中的一种。虽然有必要详细列举所有倾向，但如果真的这样做，就超出了这一章的内容范畴。

其中的一部分已经在此前出版过的书籍中进行了详细的阐述。在这里，我列举出这些倾向，并且简述它们的主要特点。

1. 对情感和认同的神经症需求（详见《我们时代的神经症人格》第六章“关于情感的需求”）：

盲目取悦他人，同时获得他人的喜爱与认可；

盲目地满足他人的期待；

关注他人，忽略自己，盲目地重视他人的意愿和观点；

不敢自己做主；

担心遭到怨恨，并且不敢怨恨他人。

2. 神经质地渴望“同伴”掌控自己的生活（详见《精神分析的新方向》第十五章“关于色情受虐狂”，弗洛姆的《逃避自由》第五章“关于权力主义”，以及第八章的事例）：

过于重视“同伴”，认为同伴能够实现他对生活的所有期待，替他负责，同伴最需要做的就是帮助他获得成功；

高估“爱”的力量，把“爱”当作解决一切问题的窍门；

害怕被抛弃；

害怕孤独。

3. 神经质地想要把自己的生活限制在自己狭隘的内心世界中：

没有任何期待，能够轻易获得满足，隐藏自己的远大理想，压抑自己的物质欲望；

坚持谨言慎行，把自己摆在附属位置；

轻视自己的才华和潜能，隐藏自己的价值；

尽力节俭，不愿浪费；

不喜欢提要求；

害怕产生或者表达膨胀的愿望。

这三种倾向往往结伴出现。这是意料之中的，因为它们都是弱点的基础，这一基础还会试图左右生活。它们与依靠自己的力量和为自己负责的倾向截然不同。然而，这三种倾向无法组成症候群。即使缺少其中两种倾向的重要影响，另一种倾向依然存在。

4. 神经质地渴望拥有“权力”（详见《我们时代的神经症人格》第十章“关于权力、名誉、财富的需要”）：

控制他人以获得支配权；

为事业、职责、责任做出贡献，虽然有一定的影响力，但不足以视为驱动力；

丝毫不尊敬他人，忽视他人的品性、自尊和情感，只想得到他人的顺从；

对涉及毁灭性因素的反应在程度上有着相当大的区别；

大肆推崇强大的人，并且鄙视弱势群体；

害怕无法掌控局势；

害怕独立行事，得不到外力支援。

4a. 神经质地想要借助理性和策略掌控自己和他人（详见“过于克制而无法直接公然使用权力的人”第四种）：

坚信才能与理性的权力；

反对甚至鄙视情感的强大力量；

认为深谋远虑以及预言有着深刻的意义；

超越他人的情感和预想中的才智；

鄙视所有在智力上优于自己的对象；

害怕承认理性权力的限制，即使它是客观存在的；

害怕做出“愚蠢”的、没有水平的判断。

4b. 神经质地坚信意愿的力量（如果用模糊的话来说，对性格非常孤僻、内向型的第四种人直接使用权力，意味着要经常接触他人）：

坚信意愿的神奇力量，进而认为这种力量是与众不同的（就像得到了一枚许愿戒指）；

害怕希望落空的沮丧感；

压抑愿望，或者舍弃愿望，以及因害怕“失败”而丧失了兴致的倾向；

害怕了解一切愿望的任何限制力。

5. 神经质地想要利用他人，而且不惜使用一切手段从他们身上获得好处。

将他人是否可以利用作为评价他们的重要标准；

金钱（锱铢必较，以至于形成一种强烈的情感）的观念、情欲和情感，是各种利用的关键所在；

因利用他人的技术而感到得意；

害怕被“利用”，或者说，害怕变成“傻瓜”。

6. 神经质地渴望获得社会的认可以及在社会上的声望（与权力的欲望或有或无关系）：

仅凭声望的价值评价一切事物，包括无生命的东西，财富、人类，一个人的特征、行为和情感；

对自己的评价取决于人们接纳的情况；

也有不同之处，即使用传统的或者反抗的方式激发羡慕、赞美、讨好等；

害怕失去社会地位（“耻辱”），无论是由于外因还是内因。

7. 神经质地渴望个人的赞美：

对自己的形象进行过度的夸大（自恋）；

渴望获得他人的赞美和讨好，但赞美和讨好的对象只是幻想中的自己，而非自己本来的样子或者在众人面前呈现出来的样子；

根据是否符合这个形象以及他人对这个形象的赞美来进行自我评价；

害怕这种赞美不再属于自己（“耻辱”）。

8. 神经质地追求个人成就的野心：

想要借助行动而非表现出的状态或者具备的素质来超越别人；

根据是否成为最优秀的人——爱人、运动员、作家或工人——进行自我评价，而且还要成为他人心目中最不可或缺的人，每个人都不讨厌他；

毁灭性倾向（一种战胜其他人的倾向）的部分从未减少过，只有强度上的改变；

即使充满了焦虑感，依然固执地渴望获得更大的成功；

害怕失败（“耻辱”）。

第6、7、8种倾向有一个共同点：在完全战胜他人方面，多多少少存在一些公然的竞争。然而，虽然这些倾向有相同的部分，而且还有可能存在联系，但它们依然会演变成一种独立的倾向。例如，个人赞美或许会和毫不在意社会声望保持一致。

9. 神经质的傲慢与独立自主：

不想得到任何帮助，不受任何事物的支配和束缚，不屑于任何可能发生的支使。

远离安全感的唯一来源；

害怕有求于人，害怕被束缚，害怕靠近别人，也害怕爱。

10. 神经质地需要绝对的完美（详见《精神分析的新方向》第十三章“关于超越”和“害怕自由”，第五章“关于机械的一致”）：

十分固执地追求绝对的完美；

对自身或许存在的缺点进行反思，并且责备自己；

因完美而感觉强于他人；

害怕面对自身的缺点，害怕出错；

害怕受到批评或反抗。

通过观察这些倾向，得出一个需要思考的问题：这些倾向本身所包含的努力与形式都是正常的，而且对于人类来说不乏价值。我们大部分人都向往和欣赏感情，也都自我克制，谦虚且关注他人，希望通过身边的人让自己的生活变得完美，至少对于女性来说这是“正常”的，甚至是合情合理的。我们会毫不犹豫地赞美这一切的努力。一般来说，自信、独立以及理性的指示教导具有深远的意义。

考虑到这些现实情况，必定会引发出各种问题：为什么把这些倾向称为神经症倾向？它们究竟哪里出了错？假设在一些人身上，某种倾向占据主导地位，甚至非常顽固，而另一些人的行为则被完全不同的倾向控制着，这些不同类型的追求不正是体现了人们不同的价值观以及与生活斗争的不同形式吗？比如说，性格随和的人不会对情感产生怀疑，性格坚强的人不会对独立自主产生怀疑，希望能够自己掌控自己，这是很自然的事情啊！

这些问题很有价值，因为，对于认识这种基本的人类努力，评估类似这种努力的神经症倾向，它们无论在理论上还是实践上都有着非常重要的意义。这种差异有如7与-7之间的差异——数字7好比“情感”“理智”“完美”等单词，但是，正号和负号决定了两者之间不同的特点和价值。在讲述职员与克莱尔的例子时，我们已经对相似的表面进行了背后的对比。然而，还有一些系统的比较，以便更加清楚地阐述正常情况与神经症倾向的差异之处。

渴望得到他人的爱，只有在对他人怀有同等的感情时，才是有价值的。这不仅强调得到感情，也强调付出感情。然而，神经症的感情不需要双方的联系。因为神经症患者极少怀有爱，他们就像被陌生人或者凶猛的野兽包围着一样。确切地说，他并不是真的想要得到他人的喜爱，只是紧张地关注着他人的一举一动，担心遭到他人的近距离攻击。人与人之间理解、宽容、关怀、同情的价值在这种关系中都是不存在的。

同样，我们必须付出最大的努力，才能让自己的天赋和才能变得完美，如果这种努力十分坚定，而且始终伴随着我们的生活，那么我们所生活的世界无疑必将变成天堂。然而，神经质地追求自我完善——这自然可以用相同的术语来表示，这种对完美的需求描述或表现出了一种一成不变的意图，因此它已经不再具有这种特定的价值——无法给生活带来任何改善，因为一旦发现了自己的缺点，就会极度惊慌失措，所以必须竭尽所能地避免发生这种状况。他唯一关注的就是掩耳盗铃般地赶走全部缺点，以免它们暴露出来，从而遭到侵犯，并且把渴望超越他人的私密情感深深地隐藏起来。在神经症的情感需求中并不存在个人自身的积极行动，或者说这种行动是减弱的，只不过是延续着虚无的现状，并没有做出积极的努力。

最后一项对比：我们都十分重视意志力，认为这种力量对于人生追求来说具有深远的意义。然而，神经症患者认为，人们只是被意志力迷惑了，以为它的力量是无穷的，因为人们的这种信念从未考虑其限制力，这种限制力甚至否定了大部分坚定的努力，比如说，认为周日下午的交通堵塞不会因为任何意志力而得到改善。而且，如果想要体现出意志力自身的影响，意志力的优势无法证明任何问题，因为一切短期刺激的阻碍都会导致具有这种神经症倾向的人出现疯狂且不顾一切的举动，无论他是否真正需要这一特定的目标。他已经受控于意志力，但并不具备意志力，这种颠倒的状况已成事实。

这些状况完全可以证明具有神经症倾向的人的追求基本是在模仿人类价值，但是这种模仿已经被扭曲了。他们缺乏自主性和自发性，处于虚无之中，经常出现错觉。他们只具有主观性的价值，体现为渴望获得安全感，渴望解决一切问题，并且为此竭尽所能。

还要强调的是：神经症倾向缺少自己所模仿的人类价值，而且他们不知怎样表达自己的需求。比如说，如果他一心追求社会声望或权力，他也许会相信自己确实需要实现这些目标。事实上，如我们所见，他对这些事物的向往完全是强迫式的。这就如同他坐在一架遥控飞行的飞机中，却以为是自己在驾驶飞机。

接下来，要大致了解一下神经症倾向会如何控制一个人的性格，会给他的生活带来怎样的影响，以及这种控制和影响已经到达了哪种程度。首先，这些追求促使他发展出一定的辅助性态度、情感以及各种行为方式。如果他追求完全的独立自主，他就会十分憧憬隐藏和孤独，小心提防类似的纷扰侵犯到他的秘密，培养自己远离他人的能力。如果他追求克制的生活，他就会谦卑，让自己无欲无求，并且甘愿服从于所有比他上进的人。

此外，神经症倾向还取决于一个人所具有的或本应具有的形象。显然，所有神经症患者的自我评价都会经常出现变化，没有准确的评价，经常在过度夸大与自我贬损之间徘徊。当发现了一种神经症倾向时，或许就会清楚某个人为什么要如此评价自己，同时隐藏其他评价；或许还会清楚，他为什么会刻意或不刻意地因为某些态度或品行而感到十分自豪，为什么会在缺少确切客观理由的情况下轻视他人。

比如说，如果A已经对理性和预期建立起保护性信念，那么他不仅会高估普通的理性能够完成的任务，而且他的内心还会因为理性的力量、他的判断和预期而产生一种特殊的自豪感。他坚信自己的才能强于他人甚至所有人。如果B觉得必须找一个能够让他满意并且指导他生活的“同伴”，才能让自己站稳脚跟，那么他无疑高估了爱的作用以及自己爱的能力。他让自己依赖于另一个人，并且把这种需求当作一种特殊的爱的能力，还因为这种不真实的能力而感到自豪，这是错误的。最后，如果C渴望凭借自己的努力掌控一切状况，无论如何都要让自己满意，那么他就会因为自己的能力和独立自主，以及对任何人都没有需求而感到自豪。

这些信念的延续——A对战胜他人的理性力量的信念，B对爱的本质的信念，C对凭借自己掌控一切的能力的信念——导致它们具有了强迫性，就像导致这些信念形成的神经症倾向一样。然而，这些品质看似有足够的理由带来自豪感，但其实这种自豪感并没有稳固的基础，因此它不仅敏感而且脆弱。它的基础十分脆弱，包含了太多难解的因素。实际上，这些自豪感并非源于他真正具有的品格，而是源于那些为神经症倾向服务的品格。所以，B拥有的爱的能力其实非常低劣，他只有具备这种对爱的本质的信念，才能避免出现识别自己的追求的错误。如果他开始对自己爱的能力产生怀疑，那么他就会意识到，他在寻找的其实只是一个愿意无条件为他付出的人，而非爱他的人。这一发现预示着他有可能会面临极大的危险，出于恐惧和敌视，他必定会予以否认。这其中的某一种表现会十分明显。同样，A会仇视对自己的英明决策提出质疑的人。而C因为自己从不有求于人而感到自豪，所以他必定十分厌恶那些宣称他离了帮助与鼓励就无法成功的意见，觉得它们破坏了自己隐藏起来的形象，导致他产生焦虑和仇恨的情绪。这些情绪再次侵蚀了他的人际关系，从而强迫他采取更加强烈的保护手段。

神经症倾向深刻地影响着一个人对自己的评价和对他人的评价。只要这个人渴望得到声望，他就会根据其他人所拥有的声望来进行评价，他们无一例外会认为自己不如那些声望高的人，而且一味地鄙视那些声望低的人，无视他们所具有的实际价值。强迫服从的人总是盲目地崇拜他所认为强大的人，即使那个人的强大只和反复无常或者肆无忌惮的行为有关。渴望利用他人的人喜欢那些甘愿被人利用的人，但同时还蔑视对方。他们觉得强迫谦逊的人不是傻瓜就是做作。强迫依赖他人的人或许会羡慕那些强迫自豪的人，他们觉得后者随心所欲、无拘无束，即使后者其实是受控于另一种神经症倾向。

接下来要探讨的是神经症倾向所带来的压抑。这种压抑或许具有局限性，也就是涉及具体的行为、知觉或情感，例如，用无奈或压抑的态度对待电话。或者这些压抑行为得到扩展，并且涉及整体生活，例如突出自己，提出请求，接近他人。具体的压抑行为往往是可以被察觉到的，虽然得到扩展的压抑才是重点，但是这种压抑并不确切。如果压抑的力量非常强烈，患者往往会意识到自己正在受到压抑，但并不知道到底是哪方面受到了压抑。另一方面，这种压抑或许非常微妙、非常隐蔽，因此患者难以意识到它们的存在以及造成的影响。压抑会以多种方式令人无法看清，理性化是其中最普通的方式。如果一个人不喜欢在公共场合与人交谈，那么他有可能是因为意识到了自己在这个问题上受到了压抑，但也有可能只是单纯地讨厌聚会，而且觉得这种聚会令人反感。为了拒绝他人的邀请，他会给出种种令人信服的借口。

神经症倾向带来的几乎都是分散式的压抑。为了说明这个问题，我们把神经症患者与走钢丝的杂技演员做个对比。杂技演员在走钢丝时，必须紧紧地盯着钢丝，防止东张西望，才能避免在到达钢丝另一端之前掉下来。在这种状况下，他并不具有东张西望的压抑，因为他十分清楚潜在的危险，所以要刻意避开危险。如果一个人被神经症倾向深深地控制着，那么他必定同样想要继续保持前进的方向。然而，截然相反的是，他并不是刻意这样做的，在前进的过程中，压抑的强大力量让他无法改变步伐。

因此，如果一个人十分依赖自己的“同伴”，那么他就会在独自做事的时候受到压抑。如果一个人有限制自己生活的倾向，那么他就会在表现出自己的欲望，尤其是一意孤行的时候受到压抑。如果一个人有用理智控制自己和他人的倾向，那么他就会压抑一切强烈的感情。如果一个人十分向往声望，那么他就会克制自己在公共场合跳舞或交谈的想法，并且避免做任何不利于声望的事情。其实，他或许无法发挥出全部的学习能力，因为他实在无法忍受从一开始就要面对的艰难状况。以上各种压抑的表现方式不同，但它们具有相同的特征：在自发性的情感、思想和行为中，都包含了一种掌控力量。杂技演员在走钢丝时只会做出学习过的自发行为。如果一个神经症患者因为某件事而闯入了他坚决不愿进入的领地，那么比起杂技演员对掉下钢丝的恐惧感，他内心的恐惧感更加严重。

因此，每一种神经症倾向都会形成特定的焦虑和行为，并且对自己和他人产生特定的幻想、特定的自负、特定的软弱和特定的压抑。

以上所述都是假设一个人只具有一种神经症倾向，或者具有相似倾向的混合体。我说过，通常而言，让“同伴”掌控自己生活的倾向往往混杂着普通的情感需求，以及把自己的生活限制在狭窄范围内的倾向；对权力的追求往往和对声望的追求放在一起探讨，最终导致这两种倾向似乎成为同一种倾向的两个方面；追求完全的独立自主和自力更生往往混杂了坚信理性和预期可以掌控生活的倾向。不同倾向的共同存在并不会让事情复杂化，因为有时候不同的倾向之间会发生矛盾——例如，对赞美、讨好的需求可能与对掌控的需求发生矛盾——虽然它们的目的相似，但矛盾依然存在：一切倾向都包含着矛盾。然而，当倾向相似的时候，可以轻易借助潜在压抑、逃避的方式进行掌控，即使它们往往只针对个人。

当一个人已经具有了好几种不同性质的神经症倾向时，局势就发生了重要的变化。此时，他就如同一个仆从，听命于两个主人，这两个主人给他的命令是截然不同的，并且要求他盲目地服从。如果对他来说，服从是一种承受着压力的独立行为，那么他就会夹在两个主人之间不知如何是好，因为两者之间的矛盾让他无法得到一个固定的处理模式。他试图进行协调，但仍然无法阻止矛盾的爆发。两种追求势必不断地互相干扰。当极度渴望以专横的方式控制他人的倾向和依赖他人的倾向混杂在一起时，就会出现这种进退两难的状况。当阻碍生产力发展的压迫他人的欲望和被奉为至高无上的保护神的欲望同样强烈时，也会出现这种进退两难的状况。实际上，互相矛盾的倾向总会引发这种进退两难的状况。

例如恐惧、情绪低落、重度酒瘾等神经症的“症状”，都源于这些矛盾。我们对这些真实情况了解得越清楚，就越没有兴趣阐明这些症状。如果它们是矛盾倾向的产物，那么在完全不清楚这些倾向的潜在结构的情况下，试图了解它们几乎毫无用处。

如今，我们已经了解到神经症的本质就是神经症特殊性质的结构，以神经症倾向为中心。一切倾向都是人的内部结构的中心，各种基础在很多方面都是互相联系的。认识这种特殊性质的结构的本质和复杂性，在理论方面和实践方面都有着十分重要的意义。连一些精神学家对于现代人的本性都过于低估，外行人就更不用提了。

神经症多多少少具有顽固的特殊性质的结构，但是，由于它具有虚伪造作、自欺欺人、想入非非等诸多缺点，因此，它还有些脆弱和不稳定。很多问题在不同的人身上体现出了不同的结构本质，需要注意的是它并没有发挥应该发挥的作用。患者有时觉得自己得了重病，但并不知道究竟是什么病。虽然他竭力宣称自己很正常，只是有点儿头疼，或者是吃多了，但其实他心里确实觉得自己出了问题。

他不仅无视苦恼的根源，而且还任由这种愚昧无知的状况持续下去，因为，就像我们强调过的那样，他的神经症倾向对他来说相当具有主观价值。面对这样的状况，他可能会采取两种方式：其一，不再顾及神经症倾向的主观价值，转而认真审视这些倾向的本质和根源；其二，断言自己没有任何错误，不承认自己的变化。

精神分析的过程分为两种，分别在不同的时期占据主导地位。一个人的神经症倾向越是不可或缺，这些倾向的实际价值就越不正常，他必定越是竭力且十分固执地维护这些倾向。这就如同一个政府要维护自己的行为一样，政府越是激烈辩驳，就越无法容忍批判，并且越强调自己的权力。我把这种自我辩护称为辅助防御。他们维护的对象不只是一两个出现问题的真实情况，而且还有整个神经症结构。这就如同在神经症患者周围埋下很多地雷，用它们来保护患者。虽然他们的具体行为不同，但依然有着相同之处：他们认为，一切事物从本质上来说都是对的、美好的、一成不变的。

要想对这个问题进行整体的说明，就必须总结出辅助防御所包含的作用以及所采取的态度。例如，一个表面虚伪的人不仅会维护自己的动机，认为这些动机是正确且有理有据的，而且会断定自己的一切行为都是正确的、毫无问题的，即使是一些微不足道的小事也是如此。也许这些辅助防御非常隐蔽，只有通过精神分析才能被发现。它们或许可以构成鲜明的个性和明显的图像。例如，在始终坚信自己正确的人身上可以轻易地发现这种辅助防御。它们能够采取合理的、具有科学依据的说服手段，而无须体现为性格特征。因此，如果一个人过多地强调气质方面的原因，那么往往证明他相信现在的自己是天生的，一切都不可能发生变化。其实，这些防御的程度完全可以改变。例如，在分析治疗克莱尔的过程中，这些防御似乎没有起到任何作用。在其他患者的精神分析过程中，这些辅助防御力量也许会起到相当大的作用，从而导致分析中的所有尝试都失败了。患者越是固执地维护自己的现状，他的防御力量就越是难以攻克。然而，当透明度、强度和表现形式出现变化时，对比这些辅助防御和精神特征结构的诸多变化，就会发现单一且不断重复的主旨："好""没错""坚持"。

现在，我要重申最初的观点：神经症倾向是心理困扰的核心。当然，这并不意味着患者能够非常敏锐地察觉到神经症倾向，就像察觉到困扰那样。如前文所述，通常而言，患者并不知道这些倾向恰恰就是自己生活的驱动力。这并不意味着所有精神上的困扰都源于神经症倾向。在此前的人际交往过程中，这些倾向本身就是因为冲突和困扰才形成的。我认为，我所说的神经症倾向就是整个神经结构的核心。它们为最初的困难提供了处理方法，证明即使自我与他人的关系中存在困扰，但人们依然能够反抗生活。但是，新的困扰——关于世界、关于自己的幻想、懦弱、压抑和冲突——也由此产生。它们是最初的困难带来的结果，同时也是带来全新问题的原因。

第三章

精神分析的认识阶段

因为神经症倾向及其复杂性，我们大致清楚了在精神分析过程中我们应该怎样做，但是，我们也有必要了解分析的步骤。不知所措能够处理好事情吗？可以像拼拼图那样，找到散落各处的自我反省并拼成一幅图画，而且不至于晦涩难懂吗？在具备全部素材的迷宫里，是否存在着指引出口的准则？

弗洛伊德似乎提供了十分简单的答案。他认为，患者在精神分析过程中表现出来的状态与他平时表现出来的状态大致相同，被患者隐藏起来的欲望会由弱到强地逐渐体现出来。

如果我们从整体上观察分析的过程，这仍然会是一个恰当的答案。如果考察分析得出的是一个直线的结果，我们可以沿着这条直线不断深入，这样一来，引导活动的普遍准则就具有了实用价值。但是，如果我们假设就是这种病症，如果我们假设仅凭不断分析新出现的全部素材就能够逐渐深入压抑的区域，那么我们很快就会发现自己已经陷入了困境，这种情况确实经常出现。

我们在前面的几章中阐述了神经症发展的理论知识，提供了很多特定的线索。认为神经症个性是由神经症倾向及其结构组成的，而且存在多种诱因。在精神治疗过程中，需要做的判断就是挖掘出一种倾向，并且引导出每一次精神分析到达的程度。更具体来说，一切神经症倾向的暗示都受到了不同程度的压抑。最先被察觉到的是压抑程度比较小的暗示，接下来才是压抑程度比较大的暗示。我将在第八章中的关于自我分析的更普遍的事例中探讨这一点。

在分析次序中运用同样的准则，可以处理神经症倾向本身的问题。第一位患者会借助表现出要求绝对独立和自尊的心理暗示来进行分析。只有在很久之后，他的屈服或情感需求才会被发现并且得到处理。第二位患者公然表现出对爱和赞美的需求，如果他具有掌控他人的倾向，那么在分析的最初阶段绝对不会接触到这一倾向。然而，第三位患者从一开始就表现出了发展程度极高的驱动力。如果一种倾向是在分析的最初阶段出现的，那么就无法证明它是否重要：给人格带来巨大影响的最重要的倾向不一定就是最初表现出来的倾向，只能说，那种倾向首先让他真正发现自己意识或半意识的印象具体化。如果自我协助——自我辩解的方式——以极高的水平发展着，那么从一开始，局势就被它们完全掌控了。果真如此的话，就只能等到以后才会发现并认识到神经症倾向了。

关于这个认识阶段，我还需要借助患者克莱尔的案例来阐述。

我在上一章中简述了克莱尔的童年生活。当然，为了达到简明扼要的目的，我只对克莱尔的分析过程进行了大致的描述，不仅略过了很多烦琐的细节，而且也没有描述在精神分析过程中遇到的各种挫折。此外，我对分析过程各个阶段的划分比实际情况更为清晰：例如，在报告中，第一阶段出现的因素当时并不十分清楚，实际上，它是在整个分析过程中逐渐清晰起来的。然而，我坚信，这些问题并不会从根本上削弱所提出的准则的准确性。

由于种种原因，克莱尔直到30岁才开始接受精神分析治疗。工作和社会生活中的各种冲突很容易让她产生疲惫感，并且不知所措。她也曾抱怨过自己缺乏自信心的情况。她在一家杂志社当编辑，虽然截至目前，她的工作经历和地位都堪称完美，但是她创作剧本和小说的理想被那些难以克服的压抑禁锢着。她可以完成普通的工作，但无法完成卓越的工作。她始终认为自己是缺少才华才会这样，因此，她一直没有取得任何成就。她在23岁的时候结了婚，可是三年后，丈夫却去世了。此后，她又交往了另一个男人，这段关系一直持续到她开始接受精神分析。按照她最初的描述，似乎她觉得自己在其他方面都是完美的，对于与这两个男人建立的关系也十分满意。

她经历了四年半的精神分析治疗。在最初的一年半之后，她停了两年，在这两年中，她频繁进行自我分析，最终又接受了一年的不定期治疗。

克莱尔的精神分析大致可以分为三个阶段：发现她强迫性的

谦逊；发现她强迫性的依赖同伴；发现她迫切渴望他人认可她的优点。这些倾向非常隐蔽，无论是旁人还是她自己都难以察觉。

对第一阶段的记录显示出了以下强迫性的状况：她过于轻视自己的价值和能力。她不仅毫不信任自己的决策，而且坚信自己并不具备这些决策能力，坚信自己是一个愚蠢、毫无魅力的人，总是竭尽所能地试图证明自己并没有才华。同时，她总是觉得自己不如别人。如果她的观点与别人不一致，那么她会不自觉地认为自己的观点是错的。她回忆起自己在丈夫出轨时没有任何反抗，即使这段经历让她十分痛苦。她试图说服自己去理解丈夫的行为——那个女人比她更有魅力，更讨人喜欢。此外，她总是对自己很吝啬。在和别人一起出游时，即使是她请客，她也会选择入住比较贵的酒店。然而，当需要给自己花钱的时候，例如在独自旅行，给自己购买衣服、剧本和书籍的时候，她就会非常节省。最后，即使处于主导地位，她也绝不会命令别人；即使不得不命令，她也会采取谦恭的态度。

这些状况表明她已经形成了一种强迫性的谦逊。她觉得必须把自己的生活限制在一个狭窄的范围里，居于第二位或第三位。发现这种倾向后，再加上此前已经介绍过这种倾向在童年时期的形成原因，我们就开始具体探索它的情况和结果，以及它在克莱尔的生活中起到了怎样的实际作用。

无论以哪种形式，她都无法自己做出决定。在进行讨论时，她很容易屈从于别人的观点。虽然她具备一定的识人能力，但她仍然无法对任何人、任何事做出批评，除了在本职工作上不得不给出批评意见。例如，由于她无法辨别同事私下对她的恶意伤害，因此她遭遇了很多严重的挫折。旁人对此一清二楚，只有她还把对方当朋友。在游戏过程中，她会非常明显地表现出阻止自己处于主要位置的强迫倾向。例如，在打网球的时候，她经常因为过于克制自己而发挥得不好，有时候，她明明可以发挥得很好，可是，一旦她意识到自己即将获胜，就会发挥得非常差劲。她把别人的欲望看得比自己更重要。她非常愿意在别人不希望休假的时间段里休假，也甘愿去做别人不愿意做的工作。

最重要的是，她对所有的感情和欲望都加以克制。她认为，强行限制远大的计划是非常“现实的”——这刚好证明了她从不奢望无法得到的东西。其实，她和那些对生活期望过高的人都是不“现实的”。她只期待那些能够得到的东西。在她真实的情况之下，生活无论在社会方面、经济方面、工作方面还是精神方面，都是不现实的。她后来的生活状况表明，她能够得到很多人的喜爱，能够充满魅力，并且能够创作出有观点、有价值的作品。

这种倾向带来的普遍结果就是逐渐失去自信，对生活越来越不满。她完全没有意识到自己的这种不满，始终觉得一切顺利，甚至没有发现自己的欲望，而且这些欲望没有得到满足。只有在一些微不足道的小事以及偶然迸发的哭泣中，对生活的这些不满才会表现出来，但是，自己的这种行为让她感到莫名其妙。

在此后的很长一段时间内，她才对这些情形的真实情况有了稍许的了解：在遇到十分重要的事情时，她经常不愿开口说话。我觉得，最好的治疗方法就是认可她的优点，鼓励她。最终，她以一种极富戏剧性的方式了解到了自己谦逊表象背后隐藏着的真实而强烈的期望。有一次，她想给杂志提一些改进建议，她非常清楚自己的方案是可行的，即使会遭到很多人的反对，但最终会得到所有人的认可。然而，在提出建议之前，她被巨大的恐慌笼罩着。在讨论的过程中，她感到非常不舒服，突然想要拉肚子，于是不得不离开了会议室。然而，当她得到大家的赞同时，她的恐慌感就完全消失了。她的建议被采纳，大家也都认可了她。她带着自豪感回了家，而且在次日的精神分析过程中心情也很好。

我用随意的口吻告诉她，这是她的一次成功。以前她因为太过烦闷而失去了这样的成功。能够得到别人的认可，无疑让她感到十分开心，但是，她最大的感受还是逃离了一种严重的危机。她用了两年多的时间才知道应该如何处理这种经历的另一种因素，即在为自己的理想而努力的过程中既害怕失败又害怕成功的因素。当时，她把全部注意力都集中在谦逊的问题上，就像她在幻想中表现出来的那样。她觉得，提出新方案就相当于自作聪明。她难道比其他人知道的更多吗？渐渐地，她的态度发生了变化，她明白了提出不同的观点意味着冒险精神，敢于打破人为界限，而且还是她一直小心维护的界限。她的这个观点是符合现实的，只有认识到这一点，她才不会继续质疑自己之所以要维持谦逊的表象仅仅是为了获得安全感。经过第一阶段的治疗，她逐渐不再怀疑自己，敢于说出自己的愿望和观点。

第二阶段的任务是消除她依赖“同伴”的倾向。其实，在这一阶段，她亲自处理了最重要的问题，我们以后会具体介绍这一点。虽然这种依赖性十分强大，然而其压抑的程度和隐蔽的程度远远超过了前一种倾向。她从来没有考虑过自己在与异性的交往方面存在什么问题。相反，她非常信任他们，对他们十分满意。在精神分析过程中，这种状况逐渐得到改善。

有三个重要的事实可以证明她的强迫性依赖。第一，当她结束了一段人际关系，或者与对她来说十分重要的人分离时，她就像身处陌生森林的孩子一样，内心充满了失落感，不知如何是好。她20岁那年离家时就曾有过这种感受。当时，她觉得自己就像空中飘零的羽毛，她给母亲写信，呐喊着她离开了母亲就无法生存下去。最后，她喜欢上了一位年长的作家，此人事业有成，很喜欢她的职业，给了她很多指导和帮助，她才会不再那么思念家庭。的确，这是她第一次离开家独自生活，可以认为，她之所以会感到失落，是因为她年纪还太小，而且一直受到家庭的保护。但是，后来她事业有成，虽然如此前所述，她遭遇了各种挫折，但从本质上来讲，她的反应和之前毫无差别，这种对比实在太奇怪了。

第二个重要的事实就是：她无视自己与周围世界的所有关系，只在乎自己喜欢的人。她把全部思想和感情都倾注在他打来的电话、他寄来的信以及他的来访上。只有在他的参与下，她的生活才能充实。对她来说，消磨时间的唯一方式就是等待他的来访，或者思考他对她有什么想法。尤其是，当她感觉到自己有受到忽视或者被羞辱、被拒绝的迹象时，她的内心就会十分痛苦，这会让她丝毫不在乎自己的人际关系、自己的工作以及其他兴趣和利益。

第三个重要的事实就是想入非非。她幻想自己依附于一个男人，他有能力、有主见，可以给她所有想要的东西，无论是丰富的物质财富，还是无限的精神鼓励，甚至可以帮助她成为大名鼎鼎的作家。

在逐渐了解了真实情况的暗示之后，依赖“同伴”的强迫性倾向及其特征和结果就完全暴露了出来。它的主要特征就是一种在潜意识中受到压抑的依附态度，下意识地希望依附的“同伴”能够让她过上满意的生活，替她承担责任，让她无须面对任何难题，并且可以毫不费力地成为一个了不起的人物。这种倾向让她疏远了自己的同伴和其他人，由于她对他的期望过高，因此，不可避免的失望就会让她无比愤怒。她害怕破坏与同伴的关系，于是压抑了大部分愤怒，只在无法控制感情而生气的时候才会偶尔稍微表现出来一点。另一种结果就是她只有和同伴在一起时才不会厌恶所有东西。这种倾向导致的最关键的结果就是这些关系会让她陷入更加危险的境地，让她变得更加被动，更加轻视自己。

这种倾向和前一种倾向属于同一个问题，它们只是这个问题的两个不同的方面而已。强迫性的谦逊让她渴望得到同伴。她无法实现自己的愿望，因此必定渴望有另一个人来帮她实现。她没有能力保护自己，因此必定渴望有另一个人来保护她。她看不到自己的价值，因此必定需要另一个人来认可她。

另一方面，在强迫性的谦逊和极度渴望同伴之间存在着严重的矛盾。这种潜意识中的矛盾促使她在每一次因愿望落空而失望时把局面搞得更糟。面对这种局面，她觉得自己是难以忍受粗暴批判的牺牲品，从而充满了痛苦和怨恨。由于她害怕被抛弃，因此把大部分怨恨强行压抑下来，但是这种怨恨的存在逐渐破坏了这种关系，让她想要替自己争辩。她原本可以完成大量工作，却因为心烦意乱而感到疲惫和压抑。

通过这一阶段的精神分析，她摆脱了那种无益的依附性，可以主动做事了。她的疲惫感只会偶尔出现，不再一直存在，虽然她心中的压力依然很大，但是她已经可以进行创作了。虽然她仍然无法自然地与人相处，但是已经可以让人际关系保持友好了。在别人看来，她显得有点儿傲慢，但是她自己却依然自卑。她的本质上的改变是由一个梦引起的。她梦到了自己和朋友开车前往一个奇怪的国家，她由此意识到自己也能考驾照。其实，她是有驾照的，而且开车技术并不比朋友差。这个梦说明她已经开始了自我省察，清楚了自己也是有权利的，没有必要像一个毫无价值的附属品一样。

第三阶段的精神分析是治疗的最后一个阶段，这一阶段的任务就是处理被她压抑了的为实现理想而做出的努力。在生活中的某个时期，她曾经被远大的理想深深困扰着。这种困扰从中学的最后一年开始出现，直到大学二年级才逐渐消失。但是可以推测，这种野心依然存在，而且正在暗中影响着她。她在得到赞同和认可时的激动情绪，害怕失败的情绪，尝试独立行事时的焦虑情绪等事实，都证明了这一点。

这种倾向的结构比之前的两种倾向更为复杂。它比前两种倾向更加试图积极主动地掌控生活，并且对抗与之相反的力量。它的持续存在有三个原因：其一，她曾经因为想要实现远大理想而觉得自己也是拥有积极力量的，她一直期待可以再次拥有这种力量；其二，她需要重建自尊心；其三，她怀有一定的报复心理，对她来说，成功就意味着打败曾经让自己受辱的那些人，而落魄地失败则意味着无法翻身。要想了解这种野心的特征，我们就必须回溯她以前的经历，观察它的变化过程。

其实，这种倾向的抗争性在生活的最初阶段就早已出现了，早于另外两种倾向出现的时间。在这一阶段的分析治疗中，她回忆起儿时的叛逆、好斗以及种种淘气的行为。我们了解到，由于长期受到不公平的对待，因此，她已经失去了奋起反抗以争取优越地位的精神。在经历了一系列不愉快的事情后，在她11岁还在上学的时候，这种反抗精神再次出现，只不过演变成了一种强烈的豪情壮志。然而，一种压抑在潜意识中的怨恨也随之出现：她对不公平对待的怨恨，她对自尊心受损的怨恨，都被倾注到这些豪情壮志中。上文中已经提到了两种因素：通过超越别人来恢复自信；通过战胜别人来弥补受到的伤害。虽然她在中学时代的豪情壮志具有强迫性和毁灭性，但此时她还是想要借助自己实际的努力来超越别人，因此，比起此后的发展结果，这种豪情壮志依然真实。高中时代，她还顺利地取得过第一名。然而，在大学里，她遇到了实力强大的竞争对手，她必须更加努力才能得到第一名，可是她放弃了对目标的追求。她这么做主要有三个原因：其一，强迫性的谦逊让她总是怀疑自己的才能；其二，她的自我批判压抑了自己的才能，使其失去了良好的发展空间；其三，她过于渴望超越别人，以至于不敢面对任何失败。

可是，放弃对豪情壮志的追求并没有削弱她对战胜他人的渴望。她必须在其中做出平衡，相比学生时代坦率、直接的豪情壮志，这种态度带有了一种含蓄感。其实，她是想要毫不费力地超越别人。这样的目标是完全没有可能实现的，可是，她没有意识到自己已经开始通过三种方式达到目的。其一，她把生活中遇到的一切好运都视为超越了别人。从天气好的时候外出游玩这种可感知的超越别人，到“对手”患病或去世这种无意识的超越别人。相反，对她来说，厄运并不仅仅是厄运，还是一种耻辱性的失败。这种观念让她对生活充满了恐惧感，因为生活意味着对不可控的因素产生依赖。其二，她把对胜利的渴求转到爱情关系上。对她来说，拥有一个丈夫或恋人就是成功，独自生活就是耻辱性的失败。其三，她希望自己的丈夫或恋人能够像想象中那样了不起，可以让她轻易地取得成就，或者仅仅让她有机会庆祝他的成功。在她本人的生活中，这些态度让她的内心产生了很多无法言说的矛盾，而且强化了她对“同伴”的需求，因为她想从这些重要关系中受益。

她了解到这些倾向的结果会给她的生活和工作造成影响，而且还会给别人甚至自己造成影响，可见，这些倾向的结果已经得到了十分透彻地分析。这种反复分析最明显的效果就是她对工作的克制情绪得到了减弱。

此后，我们研究了这种倾向和另外两种倾向之间的关系。这两者之间不仅存在着不可调和的矛盾，而且彼此助长，让她难以摆脱神经症结构。谦逊的压抑与超越他人之间存在着矛盾，豪情壮志与依赖“同伴”之间也存在着矛盾，两种不同的驱动力必然会引发矛盾，任意一方都有可能导致焦虑或彼此削弱。削弱的结果证明它不仅是疲惫感的根源，同时也是工作压抑的根源。同样重要的是，这些倾向彼此助长。对于隐蔽的超越的欲望，起到关键作用的就是谦逊以及把自己置于不重要的地位。如前文所述，她把“同伴”当作间接获胜的保障。更加重要的是，在生活中，她不得不隐藏自己的情感和才能，她非常依赖同伴，这些都会让她产生强烈的耻辱感，这些耻辱感还会不断地激发她保护自己、让自己变得强大的情绪，对成功的需求由此不断地产生和强化。

在精神分析过程中，邪恶的陷阱逐渐被瓦解。强迫性的谦逊被自我判断力的加强取代。这一进步降低了获胜的需求，因此对治疗十分有利。同样，消除对他人的依赖让她变得坚强——而且还会继续下去，消除各种耻辱的情绪，让她的求胜心理不再那么强烈。这样一来，当她最终触及令她震惊的报复问题时，自身正在逐渐增强的内在力量就会帮助她处理这个已经得到缓解的问题。要注意，绝不可以从一开始就试图处理这个问题，因为最初我们还不了解它，而且她自己也无法接受这一点。

克莱尔在最后的阶段重获能力，再次唤醒已经消失的建立在坚实基础上的豪情壮志。如今，她的强迫性再也没有表现出来，摧毁性倾向也有所减弱。她的注意力从取得胜利转移到了主观意识问题上。在第二阶段的治疗后，她已经能够与人友好相处了。如今，那种因所谓的耻辱感和防御性的傲慢相结合而给人际关系造成的紧张气氛也消除了。

以上只是非常简要的分析，根据经验，我有所保留地相信这样的叙述已经讲明了精神分析的典型过程，或者更加慎重地说，已经讲明了精神分析的理想过程。把克莱尔的分析治疗过程分为三个阶段并不具有多么重要的意义，哪怕分为两个阶段、五个阶段都可以。只不过，一般来说，分析过程都分为三个步骤：一是了解神经症倾向；二是找出其根源、表现形式以及带来的影响；三是找出它与人格的其他部分，特别是与另一些神经症倾向之间的关系。处理一切相关的神经症倾向都要经过这些步骤。每分析一次，就能够更多地呈现出神经症倾向的结构，直到神经症倾向的整体结构全部呈现出来。这些步骤也不一定要完全按照排列的顺序进行，更确切地说，在辨认出一种倾向之前，必须稍微弄清楚其表现形式。关于这一点，我将在第八章克莱尔的自我精神分析中进行详细的阐述。在克莱尔辨认出自己的依赖倾向以及促使她建立依赖关系的巨大驱动力之前，她就已经辨认出了很多具有关键意义的依赖心理暗示。

每一个步骤都有其独特的治疗作用。第一阶段，了解神经症倾向意味着了解人格困扰的驱动力，这种了解原本就对治疗起到了重要作用。此前，患者被一种无法感知的力量所掌控，从而充满了无力感。了解了其中一种力量，就意味着在自我省察上有了很多收获，而且消除了一部分羞耻感和卑微感。了解了困扰的根源后，患者就会意识到或许可以借助自己的努力来消除这些困扰。举一个简单的例子。一位农民付出了很多心血来栽种果树，想方设法地进行改良，可是果树依然病殃殃的。一段时间以后，他失去了信心。然而，后来他发现问题在于果树遭了虫害，或者土壤需要施加特殊的肥料，因此，即使果树本身依然病殃殃的，他还是立刻改变了对果树生长的看法，自己的心情也随之发生了变化。唯一不同的表现就是，如今所采取的行动或许不再漫无目的了。

有些时候，仅仅把一种神经症倾向暴露出来，就足以治愈一种神经紊乱。例如，有一位精明能干的经理，他的下属以前都很忠于他，后来因为一些外在原因变得不再那么忠诚，这样的局面让这位经理十分困扰。对于上下级之间的矛盾，下属们采取了十分粗鲁的处理方式，经常找借口引起冲突，提一些无理的条件。虽然他在其他方面很有主见，可是新的局势却让他不知所措。他既愤怒又绝望，甚至有了辞职的打算。然而，此时只要告诉他，这是因为他过于依赖下属们的忠诚，就完全可以扭转这种局面。

可是，通常来说，仅仅了解了一种倾向，并不足以引发本质上的改变。首先，通过揭露一种倾向而引起改变的愿望并不确切，因此缺少力量；即使这种愿望十分清晰，也不具有引起变化的能力。

要想发展这种能力，只能等到以后。

由于患者仍然想要保留神经症倾向所具有的主观价值，因此，虽然最初出现的解决神经症倾向的愿望十分迫切，但往往依然无法促使积极可靠的力量产生。当即将摆脱压抑的时候，想要维持这种倾向的力量就会被激发出来。也就是说，对一种倾向的了解能够带来解脱的力量，可是，这种力量刚刚出现，就会给患者带来冲突：他想要改变，又不愿改变。通常而言，患者意识不到这种冲突的存在，因为他不愿承认自己想要维持那些违背理智和自身利益的东西。

假如由于某种原因，不愿改变的观点占据了主导地位，那么了解倾向所带来的解脱作用只是暂时减轻症状，很快，失望的情绪就会变得更加强烈。就像那位栽种果树的农民，如果他了解到或者坚信那些挽救措施不适合他，那么他就很难维持想要改变的想法。

所幸这些副作用不常出现。而经常出现的反倒是想要改变和不愿改变这两种倾向之间的相互妥协。患者始终坚持想要改变，然而，这种改变要尽可能的小。他只希望可以挖掘出倾向在童年的根源，或者只是做出改变的决定，又或者重新回到以往的错觉中，以为只要了解了这种倾向，一切都会立刻改变。

在第二阶段，由于患者已经发现了倾向的暗示，因此逐渐了解到它所带来的负面影响，以及他的生活会因此受到哪些伤害。例如，假设他有追求完全独立的神经症倾向。当他了解到这种倾向及其根源以后，他必定会花费一番精力去了解为什么自己只能通过这种方式感到心安理得，以及这种倾向是怎样在他的日常生活中体现出来的。而且，他还要搞清楚这种倾向在具体的情境中是怎样体现出来的，它的表现方式或许是拒绝被挡住视线，又或许是坐在一排座位的最中间时会感到焦虑。他肯定想要弄明白这种倾向是怎样影响着自己对服饰的态度——他总是过分地敏感于紧身腰带、鞋子、领带以及一切让他感到压抑的物品。他还要弄明白这种倾向是怎样影响着自己的工作——他或许会表现出排斥烦琐事务、责任、希望、意见以及时间和领导的情绪。他不得不弄明白这种倾向会让自己的爱情生活发生哪些变化——认为受到任何束缚或者依靠他人获利是无能的表现。这样一来，就可以具体、确切地预估他所出现的压抑情绪以及迫使他面对不正常情况的各种原因，仅仅了解到他强烈地渴望独立自主是远远不够的。只有当他了解到这种倾向所包含的一切强迫性力量及其副作用的特征后，他才有可能获得一种真正想要改变的动力。

第二阶段的疗效首先增强了患者克服困扰力量的自主程度。他逐渐明白了为什么要改变，他改变了对克服困扰的不明确的态度，决定正式开始对抗它。

这种决心必定会带来一种强大的、有价值的力量，也必定会影响一切改变。然而，如果实力不够，即使决心再坚定，也无法起到丝毫作用。在各种表现形式逐一被揭示后，这种能力就会逐渐增强。当患者分析自己的神经症倾向暗示的时候，他的错觉、懦弱、脆弱和压抑就会逐渐摆脱他的防御。最终，他的担忧、孤独感以及敌对情绪都有所缓解，他与自己、与他人的关系也有所改善，这样一来，神经症倾向的需求反而得到了减弱，而他应对这种需求的能力则得到了提高。

这一阶段的工作还能起到其他作用，可以激励他挖掘出那些对更加深刻的改变造成阻碍的原因。如此激发出来的力量已经能够减弱特定倾向的强大力量，从而有助于进行一些改善。然而，这种倾向本身及其各种暗示必定与其他倾向的驱动力密切相关。这些倾向或许彼此矛盾，因此，如果患者仅仅了解到围绕着某一倾向发展起来的基础，那么他就完全不可能摆脱自己面临的困境。例如，通过研究强迫性的谦逊，克莱尔已经消除了这种倾向中的一部分，然而当时还远远没有接触到这种倾向的某些暗示，因为这些暗示与依赖性的倾向彼此交杂，只能先搁置一旁，留待与进一步的问题一起处理。

在第三阶段，认识和了解不同的神经症倾向之间的关系，有助于掌握更加隐蔽的冲突。它意味着认识处理问题的意图，认识到这些意图只是一种逐步深入的彼此交杂的东西。在这部分工作的影响力尚未出现时，患者或许已经意识到了一种冲突的组成部分，然而患者私下依然认为自己能够协调它们。例如，他或许早已清楚地了解到自己专横的驱动力的本质，以及他想要成为万众瞩目的伟人的本质。他从未想过改变这种专横的倾向，只是允许它偶尔出现，并且尝试着协调这些倾向。私下里，他已经想要认可专横倾向的存在了，他允许自己维持这种倾向，并且进行很多自我省察。另一个患者努力想要得到极度的平静而被报复的欲望所驱使，他已经幻想着在可以进行充分报复之时离开现场，这样一来，他就能过上更加平静的生活。显然，只要私下还在使用这些处理方式，就绝不可能发生本质上的改变。当第三阶段的工作结束以后，或许就会明白，从本质上来说，这些处理方式只能暂时性地做出变通。

这一阶段的疗效就是捅破了各种神经症倾向交织成的网，这张网的存在导致各种倾向的力量彼此助长、彼此对抗，这意味着最终认识到所谓的症状，即明显的病理学的表现形式，例如焦虑、病态恐惧、抑郁症以及绝对的强制等的侵袭。

经常能够听到人们的讨论，大致来说，就是认为心理治疗的关键就是找到冲突。这些讨论的观点，与认为最重要的是神经症的脆弱性、强制性或渴望超越的观点完全相同。最重要的是刚好看到了整体结构。或许在精神分析的初始阶段，就已经对现存的冲突有了偶尔的了解。可是，只有完全清楚了冲突的组成，并且降低了冲突的强度时，才能发挥出这种了解的影响力。要想了解这些冲突本身，就必须完成这项工作。

在结束以上讨论之前，我们先来总结一下本章和前一章中提到的情况的实际价值。它是否指明了具体、确切的精神分析方法？答案是，即使收集到更多的信息，也不可能实现这一目的。首先，每个人都是不同的，无法遵循一个特定的方法。假设我们的文明世界中只存在着极少的可识别的神经症倾向——比如说只有十五种——然而这些倾向彼此之间或许存在着无数种组合。其次，在精神分析中，任意两种倾向都是相互交杂的，而非分得很清楚。它们仍然处于混乱的状况中，必须巧妙地将其分开。再次，各种倾向的作用都十分明显，由于它们始终受到压抑，因此难以将其辨别出来。最终，精神分析就像普通的分析一样，仅仅呈现出人与人之间的关系。我们可以把精神分析比喻为两个同事或两个朋友一起进行一场冒险，对于观察和理解，以及把观察和推论结合起来，双方都有着相同程度的兴趣。且不提精神分析师，在精神分析方面，患者的特征和苦恼是十分关键的。无论在哪一种情景中，他的情感需求、他的自负、他的脆弱都是相同的，都有着很大的影响力。此外，分析本身必定会引起焦虑、敌视以及对自我省察的抵触，因为这些自我省察十分不利于他的安全系统以及他已经发展起来的自负。如果可以认识这些反应，那么就能发挥其作用，它们只是呈现了普通分析过程中更多的复杂性和难以接近的情况。

为了处理好一些问题，精神分析会在一定程度上产生上述结果，承认这一点或许会给一些心怀恐惧的患者带来打击，特别是那些始终坚信自己没有犯错的患者。然而，为了消除他们的困惑，他们应该牢记这是自然形成的结果，而不是由那个聪明的精神分析师捏造出来的。这是因为它包含于问题的本质之中，处理了其中一个问题，就能够轻易地处理另一个了。也就是说，某个人通常会按照上述步骤，根据所呈现出来的信息进行自我分析。当然，当他偶尔触及一些无法在短时间内得到答案的问题时，经验丰富的精神分析师就会看出这是值得讨论的问题，但患者无法理解这一点，因此最好的方式就是将其搁置下来。例如，假设一位患者依然坚持认为自己绝对强于他人，然而他所提供的信息却表明他害怕被别人排斥，此时，精神分析师就会意识到，目前尚不具备足够的条件来解决这个问题，因为患者觉得像他这么优秀的人——如同他始终坚信的那么优秀——绝对不会害怕这种事情，所以，精神分析师就会暂时搁置这个问题。在此后的很多次分析中，分析师只要回忆分析过程，就会明白为什么在某些时候不得不搁置某个问题。也就是说，只要他想把工作继续下去，就必须经历试炼。

由于患者会下意识地逃避那些难以面对的问题，因此，在进行自我分析的时候，不成熟的处理方式则更加没有吸引力。然而，假如他努力地处理一个问题，可是一段时间以后，他发现这个问题确实没有得到进一步的解决，那么他应该明白自己或许并不想解决它，此时最好将其暂时搁置。他完全无须为此失望，因为经常出现不成熟的努力，或许可以更好地展开接下来的工作。对于为什么无法接受所表现出来的处理结果，则完全无须强调要用其他原因来解释，不应草率地将其定义为不成熟的处理方式。

我所讲的这种情况不仅有助于消除事先出现的完全没有必要的失望情绪，而且还会起到诸多积极作用，有利于把全部零散的观察集中起来，并且了解其特征。例如，患者意识到自己很难向他人求助，无论是问路，还是接受治疗；意识到自己私下去接受精神分析似乎是件丢人的事情，是在走捷径，令人鄙视，因为他觉得他完全可以依靠自己的能力解决自己的问题。他了解到自己不想被别人可怜，也不想听别人的劝说，觉得这是一种耻辱。如果他不得不接受别人的帮助，他就会感到羞耻。如果他能够了解一些神经症倾向，那么他很有可能意识到这些行为都源于一种潜意识中的强迫自信的倾向。当然，这种结论是否正确还无法确定。假如他对别人有厌恶感，那么他的一些行为就是可以理解的了，即使还很难证明为什么会时而出现自尊心受伤的情况。在获得更多明确的证据之前，一切推断都是暂时的、模糊的。即便如此，他依然要反复地彻底确认这种推断的依据有多大程度的准确性。当然，他绝不指望一种倾向能够解释清楚所有事情，他必须牢记会有与之相反的情况出现。他可以抱有一种理性的期待，即推断出的倾向表明他人生中存在着一种强迫性的力量，而且这种力量必定会持续地呈现出来。

当他了解了一种倾向后，关于这种倾向的知识依然会起到积极的作用。挖掘一种倾向的各种表现形式及其结果，了解它给治疗带来的重要影响，就会帮助他有意识地把注意力集中在这些形式和结果上，而非一味地探索导致神经症倾向的驱动力的原因，事实上，大部分原因只能留在以后才会清楚。理解医疗作用，能够帮助他逐步了解寻求倾向所付出的代价。

关于冲突，让患者不再处于两种彼此矛盾的状态中就是心理学知识的实践价值。例如，克莱尔在进行自我分析的时候，曾经长期同时具有两种倾向，其一是把所有错误都归咎于他人，其二则是彻底的自责。这让她感到十分迷茫，想知道自己究竟具备哪种倾向，至少知道是哪一种倾向占据主导地位。事实上，这两种倾向是同时存在的，而且它们源于相互矛盾的神经症倾向。她的强迫性谦逊导致她的自责以及避免批判他人的倾向，她对超越他人的渴望导致她把所有错误都归咎于他人，这让她无法忍受自己存在缺点。如果她此时能够知道彼此矛盾的倾向具有彼此矛盾的根本原因，那么她必定早就掌握分析过程了。

截至目前，我们已经总结了神经症结构，并且探讨了处理潜意识力量必须采取的重要方式，从而有助于逐渐勾画出整体结构的清晰图像。我们还没有提到将其揭示出来的具体方法。在接下来的两章中，我们将会探讨精神分析师和患者为了认识患者自身的人格而必须做的工作。

第四章

患者在精神分析中的作用

自我分析就是要尝试同时扮演患者和医生两个角色。因此，对于分析过程中每一个角色的工作，都需要进行讨论。然而，必须牢记的是，这一过程不仅是精神分析师和患者各自工作的总和，而且还是一种人类关系。两个角色都与任意一方的工作相关，都对其起到一定的作用。

患者的主要工作有三种。第一，他必须尽量坦诚地表现自己。第二，了解他的潜意识驱动力，以及这些力量给他的生活带来了哪些影响。第三，培养改善那些对他本人以及他与环境的关系造成干扰的状况的能力。

自由联想是一种彻底表达自我的方式。截至目前，自由联想只在心理学试验中被采用过，弗洛伊德开创性地将其当作一种治疗方法。对患者而言，自由联想意味着彻底表现出自己的努力。在进行自由联想的过程中，表现出来的以及联想到的，全部都是一些琐事，或者看似是琐事，或者偏离主题、混乱、荒唐、轻率、不得体、令人难堪或羞辱的事情。需要说明的是，“全部”这个词并不夸张，它不仅包括转瞬即逝和发散性的思维，而且还包括一些具体的想法和记忆——上一次分析之后遇到的事情，生活中每个阶段的经历，对自己和他人的看法，对精神分析师或分析情况的反应，对宗教、道德、政治、艺术的昔年，对未来的期待和计划，对以前和当下的想象，此外，还有梦境。最重要的是，患者会把产生的一切感情都表现出来，例如喜爱、期望、成功、失望、慰藉、困惑、愤怒以及各种零散或特殊的思想等等。在表述某些事情时，患者必定会因为种种因素受到阻碍，然而，他要做的就是说出这些阻碍，而不是用它们来压抑自己特殊的想法或感情。

自由联想不同于普通的思考或谈论方式，这种不同不仅体现在它的坦诚和彻底上，还体现在它明显的盲目性上。在探讨一个问题时，我们习惯的做法是紧紧围绕主题，例如周末的计划、产品对客户的作用。我们的脑海中会冒出各种意识，我们从中挑选与主题有关的论据，然后将其表述出来。哪怕在和亲密好友聊天的时候，我们往往也会选择性地进行表达，省略某些内容，即使这种行为是潜意识的。然而，在自由联想的过程中，我们必须尽量描述出脑海中产生的所有内容，无论这些想法将会演变成什么样子。

就像人类在其他方面的种种努力一样，进行自由联想的目的有可能是正面的，也有可能是负面的。如果患者决定向精神分析师进行坦诚的自我表达，那么他的自由联想就不再毫无意义，而是具有了启示价值。如果他有着固执的信念，无法正视某些潜意识原因，那么他的自由联想就起不到任何作用。这也许是一些占据主导地位的信念，从而导致这种联想难以发挥积极作用。这种结果只会带来一系列毫无价值的想法，它们仅仅是在模仿真正的自由联想而已。所以，自由联想的作用完全取决于其过程中所怀有的情绪，如果怀有最大程度的坦诚的情绪，决定直面自己问题的情绪，而且想把所有想法都说给另一个人听，那么这一过程就可以为预期的目标服务了。

一般来说，这个目标是让精神分析师和患者都能够了解患者的心理活动，从而最终清楚他的性格结构。自由联想还可以解决一些具体问题，例如焦虑的侵袭、突发的疲倦、想入非非以及梦境等的含义。患者为什么对某个具体问题毫无反应？为什么突然对精神分析师产生厌恶感？为什么昨晚在饭店里会感觉反胃？为什么无法对妻子尽到丈夫的责任？为什么在讨论的时候默不作声？在思考具体问题的时候，患者会想方设法弄清楚自己都想了些什么。

比如说，一位女患者梦见自己非常贵重的东西被偷了，她十分伤心。我问她，这些断断续续的梦境让她想起了什么？她脑海中出现的第一个联想是两年多前偷走了家中一些物品的一位女佣。患者不太信任这位女佣，她还记得在发现女佣偷东西之前，自己心中强烈的担忧和困惑。第二个联想是她回忆起自己儿时非常害怕拐骗小孩的黑脸女人。接下来是一个神秘的故事——圣人皇冠上的宝石被人偷走了。随后，她想起自己曾经无意间听到的议论，大致是说精神分析师都是不可信的。最终，她想起了梦中的一些事情，提示她应该去向精神分析师求助。

可以肯定的是，这些联想暗示了梦境与分析情景的关系。关于精神分析师不可信的议论，证明是与这方面的开销有关，但这种观点是错误的。以前，她一直认为自己的开销不仅合理，而且十分值得。这样的梦境是由上一次的精神分析导致的吗？她并不这样想，因为上次结束分析的时候，她感觉无比轻松，而且心怀感激。在上一次的分析中，她了解到周期性的疲惫和迟缓是一种始终具有破坏性影响的压抑症。由于她从来没有感觉到心灰意冷，因此她和其他人都没有发现这些周期的存在。然而，实际上，她受了很多苦，她比自己预想的更加脆弱。她总是压抑自己受伤的感情，强迫自己成为她理想中的形象，能够对抗一切。就像那些始终过着与自己收入水平不符的生活的人，第一次意识到这样的假装完全没有必要，同样，她的内心也感到无比轻松。然而，这种解脱感转瞬即逝。无论如何，她突然感觉到，自从那一次精神分析结束之后，她始终烦躁不安，胃部隐隐不适，无法入睡。

我不想对自由联想进行具体的阐述。关于神秘故事的自由联想，被证明是最重要的思路：我偷走了她皇冠上的宝石。为了给自己或其他人一种杰出力量的印象而做出的努力，必定会给人带来负担感，但它也会起到十分重要的作用——让她因此感到自豪。在她还坚定地拥有着真实的自信心时，她一直迫切地渴望着这些。它把懦弱的性格和荒诞倾向挡在她的视线之外。其实，它对她来说是有用的。我们揭露了这一事实：它的存在构成了威胁，她对这种威胁感到愤怒。

自由联想绝对不能用于计算天文数字，也不能用于清楚地分析政治局势。要想完成这些工作，就必须具备敏锐且清醒的理智。然而，自由联想提供了一种完全适合的方法——根据目前我们所知道的，这是唯一的方法——能够了解潜意识情感与努力的存在，及其重要性和价值。

我还要再说一下自由联想对自我认识的作用——它并不能带来奇迹。有人期待只要消除了理智的控制，就能完全揭露自己的担忧和对自己的所有蔑视，这种观点是错误的。我们可以完全肯定，这种方式所体现出来的真实情况是我们绝对能够忍受的。它只会像梦境一样，通过改变形式或者象征性的表达方式，呈现出潜意识中的压抑情感或者动机的衍生物。在上述自由联想的例子中，圣人代表了患者潜意识中的理想化形象。当然，让人意想不到的因素有时会以一种戏剧化的形式呈现出来，但只有当提前对相同的议题有所研究，即将揭示出这些因素的时候，才会出现这种情况。就像在这个例子中，被压抑的情感或许以一种类似久远记忆的方式表现出来。她并没有直接表达出她因为我破坏了她自我赞美的意图而产生的愤怒感，而是间接地告诉我，我就像一个违背了神圣戒律的卑鄙小偷，盗走了别人宝贵的东西。

自由联想无法带来奇迹，但是，如果患者在自由联想的过程中保持着良好的情绪，那么这些自由联想确实可以体现出他的思路，就像通过X光可以看清楚平时无法看到的内脏的运转情况一样，总之，自由联想是借助一种隐喻式的语言进行的。

自由联想对所有人而言都不是一件容易的事情。它不仅与我们日常的思想交流方式以及普通礼节有差别，而且不同的患者所面对的困难也是不同的。虽然这些困难彼此交杂，但是它们依然可以被划分为不同的类别。

首先，在自由联想的整个过程中，有些患者会感到恐惧或压抑，因为任意打开情感和思想会侵犯到他们的情感禁区。从本质上来说，那种处于极度紧张状态的恐惧感依然源于他们的神经症倾向。以下事例可以证明这一点。

一位患者性格敏感忧郁，他从小就一直担心生活中无法预料的危险，总是无意识地回避冒险。他始终坚持虚幻的信仰，宣称自己可以通过不断预测未来的方式来掌控生活。因此，他从不采取那些无法预知结果的步骤。他最重要的原则就是不打无准备之仗。对于这种患者来说，自由联想意味着最大限度的草率，因为它的价值恰恰是在不知道将会发生什么、将会前往何处的前提下，允许全然地表现自己。

对那些十分孤独的患者来说，自由联想还意味着另一种困难，这种患者只能通过掩饰自己来消除不安，下意识地防备着个人生活方面的一切侵犯。他们生活在象牙塔顶端，认为侵犯其私生活的一切行为都是危险的。对他们来说，自由联想意味着一种无法容忍的侵袭，对他们的独立生活极为不利。

还有一种缺乏独立自主精神的患者，他们没有勇气建立自己的观点。他就像虫子一样，用触角来试探局势，从不积极地去思考、感知或活动。他机械地关注着周遭世界对他抱有怎样的期待。当别人认可他的想法时，他就觉得这种想法是正确的、出色的；当别人不认可他的想法时，他就觉得这种想法是错误的、拙劣的。在他看来，说出任何想法都是危险的，但他依然采取一种与别人完全不同的方式。他很奇怪自己为什么只知道如何做出反应，却不知道如何自然地表达想法。精神分析师对他抱有怎样的期待？他只需要不停地说话吗？精神分析师对他的梦感兴趣吗？或者只对他的两性生活感兴趣？希望他被精神分析师的感情束缚住吗？精神分析师认可什么、不认可什么？坦率地表达自己的想法会让这种人产生这些担忧和疑惑，并且体现了一种拒绝表露思想的态度。

最后，还有一种患者深陷在自己的冲突中不可自拔，而且已经无法意识到自己所具备的力量。他只有从外界获得动力，才能维持自己的努力。他非常愿意回答问题，但是却不知道应该如何主动思考。他积极行动的能力受到了压抑，无法继续进行自由联想。如果他对成功有着强烈的渴望，那么无法进行自由联想的状况就会给他带来恐惧感，因为他很有可能把压抑视为一种“失败”。

以上例子解释了自由联想的整个过程为什么会给一些患者带来恐惧和压抑。然而，即使是那些在一般过程中具备自由联想能力的人，其思想上也有一两块区域，一旦碰触，就会产生焦虑感。比如说，克莱尔基本具有自由联想的能力，但是，在精神分析的最初阶段，当任意触碰到她生活中压抑需求的时候，她就会产生焦虑感。

另一种困难就是表达出自己所有的情感和想法，这必定会暴露让他感到羞耻或难以启齿的品性。如同在神经症倾向那一章中讲到的，那些被视为羞耻的品性有极大的转变。比如说，一些以放荡不羁的态度追求物质利益并因此感到自豪的人，一旦暴露出理想主义倾向，必定会感到尴尬、难为情。一些因自己天使般的外表而感到自豪的人，一旦暴露出极度自私以及毫不顾及他人的性格，就会感到无比愧疚。无论怎样的伪装，只要被暴露出来，都会产生相同的羞耻感。

在表达自己的情感和想法时，很多患者所面临的困难都与精神分析师有关。因此，无法进行自由联想的人——无论是因为自由联想给他的自我防御造成了威胁，还是因为他早已失去了足够的积极性——很容易把他对这一过程的厌恶感或者他对失败的愤怒归咎于精神分析师，而且会无意识地表现出对抗性的阻碍。他似乎忘记了自己的发展和快乐都已经到了摇摇欲坠的地步。即使他并没有对精神分析师产生敌对情绪，他也必定会在一定程度上对精神分析师的态度感到十分担忧：他会体谅我吗？他是不是觉得我治不好了？他是否会鄙视我、背叛我？他是否真的重视我的最佳发展方式，或者他希望我屈从于他的方式？如果我说出自己的想法，是否会伤害到他？如果我没有接受他的暗示，他会感到厌烦吗？

就是这些变幻莫测的担忧和阻碍导致坦诚的自由联想无法进行

下去。最终，患者不可避免地采取了含糊其词的策略。他有意地省略了一些细节，他肯定不会在分析过程中考虑到某些原因。因为情感是转瞬即逝的，所以它并不会被表达出来。他省略了很多他所认为不足挂齿的细节。“推断”取代了自由的思绪。他坚持讲述日常生活中的偶然事件。患者遇到的阻碍越大，自由联想的失败概率也就越高。患者越是接近自由联想，就越是容易被自己和精神分析师看穿。

在分析的过程中，患者需要做的第二项工作就是坦诚地直面自己的问题，即通过认识至今一直处于潜意识形态中的因素，针对这些问题进行自我省察。然而，就像“认识”这个词所暗示的那样，这并不仅仅是一个理性的过程。从费伦茨和兰克开始，关于精神分析的作品中都会强调：这不仅是理性的过程，也是感性的过程。如果用术语来说，它意味着我们获取了自己的“内脏”所感知到的信息。这种自我省察的作用或许就是认识到一种被潜意识完全压抑的因素。例如，一个人具有强迫性谦逊和强迫性善良的倾向，可以了解到，事实上，他一直鄙视他人，而且还认识到这是一种趋势，他原本清楚这种趋势的存在，但是始终不知道其程度、强度和品质。例如，患者或许了解到自己怀有远大理想，然而，他以前一直坚信以下真实情况：他的远大理想豪情万丈，对他的生活起到了决定性作用，其中掺杂着报复性的、渴望超越他人的毁灭因素。这种自我省察或许是一种发现：某些因素看似毫无关联，但其实有着密切的联系。一个人已经了解到，自己对于自身的重要性以及一生的成就存在着不合实际的期待，而且，通过他呈现出来的沮丧、忧郁情绪，可以大致感觉到即将到来的灾难必将暂时击败他。可是，他从不怀疑其中的每一种态度都代表着一个问题，而且两者之间毫无关联。尽管如此，通过自我省察，他或许还会意识到，他过于固执地渴望自己因为特有的价值而被人崇拜，甚至因为无法满足这种渴望而感到十分愤怒，因此降低了生活的价值。就像一个过于顽固的贵族政治论者，宁可死掉，也不愿忍受一种不符合他的尊号的、低水平的生活。因此，他预料到的即将到来的灾难其实是表达了一种隐蔽的、不愿生存下去的愿望，他对生活的厌倦感，一部分就是源于他的期待无法成为现实。

对于患者来说，使用普通的专业术语无法说明获得问题的自我省察意味着什么，这就如同无法说明对一个人来说在阳光下光着身子意味着什么。阳光可能会伤害他，可能会拯救他，可能会让他疲倦，也可能会让他亢奋，这取决于阳光的强烈程度以及自身条件。同样，自我省察可能会让他十分苦恼，可能会让他得到解脱。上述问题都有着很大的相似性，也就是说，对于精神分析的不同阶段所起到的治疗作用，不妨总结一下前后内容中的细微差异。

有很多理由可以证明自我省察或许能够让患者得到解脱的观点。首先，最不受人关注的理由是，一旦弄清楚至今始终没有弄清楚的现象的根源，人们往往都会产生愉悦感。无论在人生的哪个阶段，对真理的认知都极有可能带来慰藉。这种思考不仅适于说明当下的特性，而且适于说明早已忘却的儿时记忆在事业的最初阶段给人们的发展造成的影响。

更重要的是，通过自我省察，患者了解到，他此前的虚伪态度已经暴露了他的真实感情。当他可以自然地表现出愤怒、激动、蔑视、懦弱，以及至今一直被潜意识压抑的所有情绪时，积极主动的情感便取代了无用的压抑，促使他更加深入地认识自己。对于这样的发现，他经常下意识地笑出声来，这证明他的情感得到了释放。虽然这种自我发现有可能带来失望感，例如，患者意识到自己一直过着浑浑噩噩的生活，或者一直试图伤害他人或掌控他人，但这种发现本身却非常有利于治疗。自我省察除了能够强化自我情感、敏锐性和积极性，还能够消除此前那种坚决抑制真实情感的紧张状态——此前用于抑制方面的力量，如今也会用于强化有用的精力。

最后，与释放精力的程度紧密相关，当消除了潜意识的压抑，便具备了自由的行动方式。只要患者的努力或情感依然受到抑制，他就会陷在绝境中不可自拔。例如，如果患者完全没有认识到自己对他人的敌视，只是感觉无法维持良好的人际关系，那么他就不知道应该如何应对这种敌视的态度。他无法认识到敌视为什么会形成，也无法在敌视的存在得到证明后觉察到它，更无法减弱或者消除敌视。然而，只有当消除了潜意识压抑，而且能够感知到敌视的存在时，他才会正视它，从而挖掘自身的弱点。敌视的态度恰恰源于这些弱点，他一直无法看清这些弱点，就像无法看清敌视一样。通过揭露最终改变导致困扰的因素的可能性，自我省察或许会带来极大的解脱感。即使改变并不是一件容易的事，也依然有望解决问题，哪怕一开始可能只会造成一种伤害或威胁的反应。克莱尔意识到她对自己有着过高的期望和要求，起初，她感到恐慌，因为这动摇了她的强迫性谦逊，而这种强迫性谦逊能够给她带来精神上的安全感。然而，只要消除了这些强烈的担忧，内心就不再有压力，因为它证明了挣脱枷锁的可能性。

可是，对自我省察的第一感觉往往并不是毫无压力的，而是痛苦的。就像上一章中所探讨的那样，自我省察会带来两种负面反应，其一是将其视为一种危险，其二是悲观失望。虽然这两种反应的表现形式不同，但是从本质上来说，它们只是有着不同的表现程度，但它们都源于患者还无法或者不愿放弃自己对生活的基本主张。当然，这种主张到底是什么，则是由他的神经症倾向的类型决定的。

恰恰是由于这些倾向具有强迫性本质，因此，这些主张才会如此的顽固、强硬以及难以割舍。例如，一个人强烈渴望拥有权力，在不舒服、不快乐以及缺少异性和朋友的情况下，他可以让自己过上满意的生活，但他必定会要求得到权力。只要他决定坚持这一主张，任何对其价值的质疑都会让他感到愤怒或恐惧。这种恐惧不仅源于他意识到自己的独特目标是根本无法实现的，还源于这一目标让其他同样重要的目标也变得难以实现，让他难以消除自己的痛苦和阻碍。再例如，一位患者十分孤独，苦于无法拥有良好的人际关系，却依然不愿走出象牙塔，如果他意识到只有走出象牙塔，才能让自己摆脱孤独的痛苦，那么他必定会感到焦虑。只要患者还在坚持那种认为单凭自己的毅力就能掌控生活的信念，所有暗示出这种信念的虚假性的自我省察都必定会给他带来焦虑感，因为这让他失去了自己的立足之地。这些自我省察拨开云雾，让患者逐渐看到幻象的存在，焦虑感也就由此产生。慢慢地，他意识到，要想摆脱束缚，就必须改变自己的基础。可是，那些必须改变的因素依然十分顽固，对他来说，它们依然是对抗自己、对抗他人的一种关键手段，因此他害怕改变。此时，自我省察带来的就是恐惧感，而不再是自由。

如果患者意识到，只有改变才能实现自由，可是自己却根本做不到，那么他的反应就不再是恐惧，而是心灰意冷。在他的意识中，这种失望感远远比不上对精神分析师的怨恨。当他因为这样的自我省察而感到不知所措时，他就会认为是精神分析师以残酷又盲目的方式把他引导到这里的。这种反应是可以理解的，因为我们每个人都不愿去忍受那些无法从根本上为我们明确的目标提供帮助的痛苦和困难。

自我省察的负面反应并不会终止分析过程。事实上，有些时候，这一过程能够迅速实现解脱，而且这过程并不会持续很长时间。至于患者能否借助进一步的精神分析而改变对某种特定的自我省察的态度，我根本无须在此详细叙述其决定性因素。可以说，这种改变完全能够实现。

可是，将认识到的反应划分为带来解脱感、带来恐惧感或者带来失望感等类型，并不足以说明我们已经对其有了彻底的了解。

每一种自我省察，无论会引起怎样的直接反应，都意味着试图破坏已有的平衡。在强迫性需求的驱使下，患者会过于墨守成规，按照自己的意愿追求某种目的。在很多方面，他都受到抑制；在各种领域，他都表现得很脆弱。他不得不花费全部精力来对抗潜意识压抑的恐惧感和怨恨感。他脱离了自己，脱离了他人。虽然所有这些缺点都与他的心理活动方式有关，但他内部的活动力量依然会形成一种有机结构，这种有机结构内部的种种因素都彼此关联。因此，如果有机体无法受到整体性影响，那么一切因素都不会发生变化。严格地说，并不存在单独的自我省察。一般来讲，患者往往会出现在某一处停滞下来的情况。所取得的结果或许会让他产生满足感，也或许会让他产生沮丧感。他或许会主动抗拒继续前进。然而，从原则上来讲，任何一种自我省察，无论其多么的不起眼，它都会因为与其他心理因素的关联而揭露出新的问题，从而威胁到整体的平衡。神经症倾向越是顽固，就越是无法容忍任何变化。自我省察与基础的关系越紧密，所产生的焦虑感就越强烈。就像我将在后文中阐释的那样，最终，“抗力”从需求转化为维持现状。

患者需要完成的第三项工作就是改变阻碍他最高发展的内部因素。这种改变并不仅仅是指行为或习惯上的明显缓解，比如说，获得或再次获得公开行动的能力、创造能力、合作能力、处理异性关系的能力等等，也并不仅仅是指消除恐惧或沮丧的倾向。这些改变会自然而然地出现在成功的精神分析过程中。它们并不是最重要的，但它们源于人格中的微妙变化。比如说，不再徘徊于自负和自贬之间，而是用更加实际的态度面对自己；不再迟钝、懦弱，而是敢于主动行动、做判断；不再犹豫不决，而是可以制订计划；不再把全部希望寄托在别人身上，也不再过分谴责别人，而是找到自己的重心；不再怀有防御性的敌对情绪，而是能够体谅别人，从而获得更多的友谊。如果这些变化都出现了，那么随之而来的就是外界活动和症状的变化，并且与之程度一致。

人格上的变化往往并不会引出特别的问题。如果自我省察是一种真实的情感体验，那么其本身就能引起一种变化。如果自我省察的结果就是意识到至今始终被压抑的敌视，那么就说明一切都没有改变：敌视仍然存在，唯一的不同就是这种敌视被察觉到了。这种观点只符合机械论。实际上，如果患者以前只知道他的愤怒源于自己的迟钝或疲倦，而如今他了解到被压抑的具体敌视，知道了以上烦恼恰恰源于这种敌视，那么他就会因此发生重大改变。就像我们之前讲过的，一旦意识到了这一点，他就会觉得自己似乎变了一个人。这种认识必定会影响他的人际关系，除非他立即想办法将其消除。这样一来，他就会对自己感到诧异，从而认识敌视的价值，消除面对未知事物时的恐慌感，让自己更加具有活力。

自我省察的间接后果也会自然而然地带来一些改变。只要排除了患者产生焦虑感的根本原因——无论是什么原因——他的强迫性需求就会随之减弱。只要察觉到并认识了被压抑的羞耻感，就会自然而然地拥有更多的友谊——即使尚未触及恰当的友谊问题。如果意识到了对失败的恐惧感，并且缓解了这种恐惧感，那么患者就会主动地变得更加积极，并且拥有了胆量对那些至今尚无意识避免的事情进行冒险。

截至目前，自我省察看起来与改变相符，似乎完全无须将这两种过程视为截然不同的工作。然而，分析过程中存在着一些情景——生活本身也具有这种情景——虽然患者已经进行了自我省察，但仍然竭力抗拒改变。关于某些情景，我们在前文中已经探讨过了。可以这样总结，当患者意识到自己不得不放弃或者缓解自己对生活的强迫性主张的时候，如果他想通过发泄精力来实现合适的发展，那么他就需要进行艰难的抗争，并且最终凭借自己的智慧，证明这种改变是没有必要且绝不会出现的。

当患者在精神分析的引导下，不得不面对那些必须做出决断的冲突时，自我省察和改变都非常明显地呈现出来的情景就会显现出来。精神分析揭露出来的冲突并非全都具有这种性质。例如，如果意识到存在着必须掌控他人与必须按照他人的意愿行事这组互相冲突的驱动力，那么就完全可以在这两者之间做出决断。这两种倾向都需要进行分析。当患者发现自己拥有了良好的人际关系时，两种倾向都会被消除或者得到一定程度的减弱。然而，如果自身的实际利益与理想之间存在着至今仍然属于潜意识的冲突，那么就变成另一个问题了。或许，这个问题已经被完全不同的方式搞得不清楚了：虽然已经认识到了愤世嫉俗的态度，但理想仍然被压抑着。或许这些理想会偶尔出现，随后却又被刻意掩盖；或是压抑对物质优势（金钱、名望）的渴望，却刻意坚持理想；或是还没有确切地意识到应该以放荡不羁还是严肃谨慎的态度来实现理想。但是，当这种冲突暴露出来时，只是意识到它或者认清它的细节还远远不够。当把所有问题都进行了具体的叙述后，最终，患者必须做出决断：是否打算认真实现自己的理想，或者实现到哪种程度，以及要在怎样的范围内实现物质利益。这就是患者从自我省察到调整自己态度的一种犹豫不决的情况。

当然，患者需要做的三项工作之间必定有着密切的关系。他要进行彻底的自我表达，为自我省察做好准备，让自我省察引发改变，或者提前为改变做好准备。每一个步骤都影响着其他步骤。他越是回避自我省察，就越是难以进行自由联想。他越是抗拒改变，就越是否认自我省察。然而，目标已经发生了变化。认识自己的最大意义不仅是为了进行自我省察，还是为了把自我省察作为控制情感、努力程度以及态度的一种手段。

患者对于改变的态度往往会经历不同的阶段。一般来说，在治疗的初始阶段，患者会奢望获得奇妙的疗效，期待自己可以无须做出任何改变，或者无须主动进行分析工作，就消除一切烦恼。接着，他又觉得精神分析师是具有魔力的，从而盲目地崇拜他。然后，当他了解到自己的期待完全没有可能实现时，他便开始退缩，甚至丧失了此前的“信念”。他辩解道，如果精神分析师只不过是和他一样的普通人，那么他能从中获得什么好处？更重要的是，他表现出对一切事情都失去了主动性的情绪。只有当他耗尽了自己的精力，进而能够积极主动地做事的时候，他才有可能最终意识到他的发展是他自己的事情，而精神分析师只能协助他。

在精神分析过程中，患者要面临很多困难，但是也能得到很多收获。彻底坦诚地表达自己是有难度的，但同时也是有益的。获取自我省察与进行改变遵循相同的道理。因此，比起走捷径，把精神分析当作帮助自己发展的可能方式则是完全不同的。它要求患者做出充分的决心、足够的自律和积极的斗争。在这方面，它与帮助一个人成长的其他情景相同。在前进的道路上，当我们克服了困难以后，就会变得更加强大。

第五章

精神分析师在精神分析中的作用

一般来说，精神分析师的任务就是让患者认识自己，改变患者的生活方向，直到患者意识到必须改变自己的生活方向。精神分析师为实现这一目标所做的工作有着非常特殊的意义，为了向人们解释其意义，就需要把精神分析师的工作分门别类，然后逐一进行探讨。他的工作可以大致分为五个阶段：观察、了解、解释、帮助抑制抗力、普通人的协助。

精神分析师的观察在相当程度上与任何观察力敏锐的人的观察完全相同。从某种程度上来说，这些观察具有特殊的性质。精神分析师会像其他人一样观察患者行为中体现出来的一般品质，例如冷漠、热情、正直、自律、抗拒、顺从、多疑、自信、轻率、懦弱、无情、敏感等等。在仅仅倾听患者倾诉的时候，他无须做出直接的努力就能够获得诸多普通的印象：这位患者的情绪是紧张的还是放松的，或者是受到压抑的；他说的话是有逻辑的、克制的，还是跳跃式的、发散式的；他所说的内容是简单抽象的，还是具体详细的；他是随情况而变的，还是客观的；他与精神分析师对话时是主动开口，还是被动开口；他的表达总是如出一辙，还是能够吐露内心的真实想法和感觉。

在进行专门的观察时，精神分析师根据患者描述的自己的经历，首先认识到患者的过去和现在，他与自己及他人的关系，他的计划、希望和担忧，以及他的思想。其次，精神分析师根据患者在工作中的表现了解患者的种种反应，对于工作、时间、效率以及其他客观情况的大致排序，不同的患者有着完全不同的反应。对于自己正在接受精神分析这一事实，不同的患者也有着不同的反应。一位患者把精神分析当作十分有趣的脑力活动，但是他并不认为自己确实需要这种方式。另一位患者觉得精神分析暴露了自己的隐私，因此将其视为一种耻辱。还有一位患者将精神分析视为对自己的特殊待遇，并由此产生一种自豪感。同时，在精神分析师面前，患者的态度总是不断变化，因为他们隐瞒了很多秘密，就像在其他的人际交往中一样。最后，通过患者的反应，可以发现他们有很多难以捉摸、明显犹豫不决的表现，而这些犹豫不决的表现本身就已经暴露出了他的秘密。就像患者在所有关系中表现出来的那样，他对自身状况的描述和他的真实行为这两种信息来源是互补的。关于某个人的经历以及他如今对朋友、异性、事务以及政治活动等的态度，即使我们已经有了很多的了解，但如果我们面对面地观察他的行为，就会对他有更加清晰的印象。这两种信息来源都是必需的，且同样重要。

精神治疗师的观察和其他观察没有什么区别，都是基于兴趣。一位女店员会关注顾客的不同身份；而一位从事社会福利工作的人，则要尽力保护应该受到保护的人。在和即将入职的员工谈话时，老板会重点了解他的积极性、适应性及可靠性；而一位牧师在和教区居民谈话时，则更关心对方的道德行为和宗教信仰。精神分析师感兴趣的并不仅仅是患者的一部分情况，甚至不仅仅是不正常的心理，而是患者的整个人格。既然要认识患者的整个人格结构，然而又无法轻易了解这些情况与疾病的关系，那么精神分析师就需要尽可能地从更多方面收集信息。

从本质上来说，专业精神分析的观察与普通观察之间的区别就是，前者引出了精神分析关于认识和了解患者潜意识动机的目的。在普通观察中，我们或许可以感知到某些潜藏的倾向，但是这种感知多多少少包含一些假设的意味，甚至不成系统。而且，一般来说，我们并不会认真辨别我们自己或观察对象是否受控于心理因素。无论如何，专业的精神分析观察在精神分析的过程中是必不可少的。可以说，这些观察对潜意识的力量进行了系统的分析，这种力量与自由联想中表现出来的完全相同。精神分析师认真倾听这些内容，不会草率地选择任何一个因素，而是把同样的兴趣分散到全部细节上。

精神分析师的观察结果与他精准的观察方式是彼此呼应的。他能够敏锐而轻易地了解到每个人的普通特征，就像一个人在有雾的地方能够分辨出一座房子和一棵树的模糊轮廓。但是，精神分析师观察到的大部分内容仅仅是一个谜团，由看似各自独立的微小事情组成。面对这样的情况，他又要如何对它们进行了解呢?

精神分析师采取的某些手段可以与侦探小说中的勘察手法相媲美。但不同的是，侦探的目的是指认罪犯，而精神分析师却是要尝试认识患者的整体，无论是好的还是不好的，而并非只想挑出患者身上不好的部分。而且，精神分析师并不是同时与很多怀疑对象接触，而仅仅是与一个人内在的强大驱动力接触。对于所有的力量，仅仅是怀疑它们有可能会造成阻碍，而不是怀疑它们都是不好的。精神分析师深谋远虑地观察一切微小事情，并对其精挑细选，由此收集患者的重要信息，挖掘它们之间的联系，组成一幅大致的图像。可是，要想确定自己的解释是正确的，也并非容易的事情，要对这一解释进行多次检验，看它们是否确实包含了所有因素。在侦探小说中，与侦探共事的一些人看似是在帮助侦探，而实际上却在暗中妨碍侦探工作。如果他们意识到危险即将降临，那么必定会躲起来，并且实施攻击。与之相似，在精神分析过程中，患者的一部分力量会呈现出合作态度——这种条件是必备的，精神分析师需要做的则是另一部分工作，因为患者还有一部分力量正在竭力地进行隐藏或欺骗，当预感暴露的危险即将降临时，就会变得恐惧并且产生敌意。

如同上一章中所叙述和分析的那样，精神分析师主要是根据患者的自由联想来认识患者的潜意识动机与反应。但是，患者通常并不知道自己所提供的信息包含着哪些意义。而且，精神分析师在获取各种因素时，为了整合出一个前后相符的形象，不仅要听明白患者讲述的内容，还要尽量理解他想表达的真实意思。很多信息表面看起来如同一盘散沙，精神分析师要仔细寻找隐藏在其中的关联。如果还无法解开其中的很多谜团，那么他的这种努力就有可能会失败。而有些时候，通过理解上下文，就可以解释问题。下面的例子就说明了患者对自身缺乏认识。

一位患者对我说，有一个晚上，他过得很糟糕，感觉抑郁变得更加严重了。他的秘书得了流行性感冒，他担心自己被传染，因此无法安心工作，情绪也变得非常焦躁。然后，他还说起一些欧洲小国受到恐怖侵略的事件。最后，他想起了一位医生，这个人没有向他说明药物的含量，他因此感到十分愤怒。此时，他又想起了一位没有按时送来上衣的裁缝。

因事情不顺利而导致的烦躁感就是关键因素。秘书得病和裁缝失职这两件事属于同一个线索，从中可以看出，他抱怨的特点是完全以自我为中心，似乎这两者侵犯了他的隐私。秘书患有流行性感冒导致他再次对传染产生了担忧，这件事并没有促使他去思考自己应该尽力消除这种担忧。这里出现的主题与“不公平”有关：别人忽略了他的期待，这对他很不公平。既然他害怕被传染，那么周围的人就必须保持健康。因此，他的困境要归咎于别人。对于这种力量，他根本无力抗争（事实上，他没有能力实现自己的希望），就像那些欧洲小国无力抵御侵略一样。在这里，他还把一种特殊含义附加在关于那位医生的联想中。这个联想还包含了一个没有获得许可的希望，并且关系到他对我的抱怨，因为我没有告诉他关于他的问题的明确答案，只是在周边进行探索，并且希望得到他的配合。

还有一个非常简单的例子。一个年轻的女孩对我说，她总是在购物时感到心律失常。她的心脏确实不太健康，但是她难以理解，为什么自己总是在购物时感觉不舒服，而连续跳几个小时舞却没有任何问题。她完全不知道导致心律失常的心理因素。她曾经在自己的姐姐过生日时送了一件非常漂亮的女式衬衫，对此她感到很愉快。她预想姐姐肯定会喜欢这件衬衫，并且赞叹不已。事实上，这件衬衫花光了她的全部积蓄。她并不宽裕，因为她压缩了所有债务，或者说，她已经做好了计划，可以在几个月内把全部债务还清。讲到这里的时候，她十分明显地流露出了自我称赞的情绪。这件衬衫确实非常漂亮，她甚至想给自己也买一件。在显然是无意中说出这个想法后，她表现出了对姐姐的一些抱怨。她讲述着自己和姐姐之间的矛盾，以及姐姐对她无缘无故的责骂，她为此感到十分痛苦。她的抱怨中夹杂着一些有辱名誉的描述，让人感觉她的姐姐远远比不上她。

对于这个未经提前考虑的情感序列，即使是乍看之下，也能看出其中包含的她对姐姐的矛盾情感：既想讨好她，又对她充满了抱怨。这个冲突通过购物这件事体现出来。购买生日礼物的行为体现了她对姐姐的喜爱，强烈的抱怨暂时受到了抑制，于是以争吵的形式表现出来。最终产生的结果就是心律失常。这种矛盾感情的冲突并不总会导致焦虑。通常来讲，矛盾的一方会受到抑制，或者以协调的方式把两者融合起来。但是，在这个案例中，就像在联想中体现出来的，矛盾的任意一方都没有受到抑制。相反，喜爱和抱怨被置于同一意识标准的天平两端。从是否能够意识到的角度来讲，当其中一方的情感变强时，另一方就会变弱。

通过更加细致的观察，可以从这个联想中看出更加详细的情形。第一阶段中包含了十分明显的自我称赞的主题。而当自我称赞再次出现时，却变得十分含蓄。她对姐姐的诋毁不仅体现了夸张的敌对情绪，而且体现了她想要超越姐姐的意图。在她进行联想的整个过程中，都表现出她把姐姐踩在脚下的倾向，她始终无意识地用自己的慷慨大方和对爱的付出与姐姐的糟糕行为作对比。这种自我称赞与同姐姐的竞争之间的关系体现了这种可能性：她是因为想要超越姐姐，才会发展并维持自我称赞。这个假设还能解释在购物中出现的冲突。一方面，购买昂贵的女式衬衫的欲望体现了一种试图处理冲突的英雄式决心，就像她所做的那样，而且，她想要通过获得姐姐的称赞，以及体现出自己更多的爱、付出和包容，来树立自己超越姐姐的形象。另一方面，她通过向姐姐赠送比自己所拥有的更加漂亮的衬衫，而将自己置于一种“优越”的地位。为了认识到这个问题的关键性，就必须说明一点，即在竞争过程中，谁打扮得更漂亮起到了极大的作用。例如，这位患者在穿衣打扮方面总是喜欢模仿她的姐姐。

对于这些案例，认识的过程并不复杂，但是这一过程却明确了一个问题，即所有的观察都应该得到重视。就像患者应该坦诚地表达自己的所有想法一样，精神分析师也应该从所有细节中挖掘潜在的内涵。他不能放过任何只言片语，不能忽视它们的作用，反而应该慎重把握每一个独立的观察。

而且，他应该不断地问自己：患者的这种特殊情感或思想为什么会恰恰在此时变得强烈起来？它在这种特定情境下有什么特殊意味？例如，对精神分析师的友善，在某一种情境下可能代表着对他所提供的帮助和理解的真诚感激。而在另一种情境下，它可能代表着患者对爱的渴望变得更加强烈了，因为上一段分析中遇到的新问题引发了焦虑情绪。在第三种情境下，它可能代表着希望能够认可精神分析师竭力工作的价值，因为冲突已经消除了，患者试图通过“爱”的方式来证明这一点。在上一章的例子中，患者把精神分析师联想为盗贼或骗子，这并不是因为患者对医生心存抱怨，而是因为一个特定因素，即医生在上一段的分析中让患者的自尊心受到了伤害。在另一个情境下，关于欧洲小国受到暴力侵略的联想具有不同的含义——例如，因为同样遭受欺辱而感到了共鸣。对医生的这种语言攻击体现了他因为希望落空而感受到了多么强烈的失衡感，而这仅仅与患者因秘书得病而烦躁以及他的另一个联想有关。对于一个联想，如果无法顺利考察出它与之前的联想、与持续出现的联想以及与以往经历之间的确切关系，那么不仅会导致错误的解释，而且有可能让精神分析师错过根据患者对特定事件的反应来分析某些问题的机会。

揭示关于一种关系的联想并不需要花费很长时间，有的时候，只需通过两个观察所构成的顺序就能够得到正确的理解思路，即使第二个观察是自然而然产生的，而非源于智力。例如，一位患者在精神分析的初始阶段感到疲倦和恐惧，他的第一次联想没有起到任何作用。在前一天晚上，他喝了酒。当我问他是否感觉有些头疼恶心的时候，他给出了否定的回答。但是，在最后一个小时中，分析有了进展，他表达出担心承担责任的事实，也许是即将降临的失败让他感到了威慑。于是，我问他，已有的名誉是否让他感到满意。他由此回忆起被母亲拉着经过博物馆的情景，以及他因此感受到的厌倦和烦恼。这个联想虽然简单，但依然揭露了隐藏的问题，部分地回答了我提出的关于他是否对已有的名誉感到满意这一问题（这是他的一种特有反应，即对一切类似强迫的事情都十分敏感，即使此时他自身解决问题的主动性已经受到了压抑）。在和我对话时，他出现了为难的情绪，并且对持续的治疗感到十分厌倦，但由于他意识到了这一点，因此反而觉得自己可以随意感知和表达另一种情绪了。事实上，他觉得精神分析比在博物馆的经历更加糟糕，因为精神分析意味着自己被拉着去逐一观看自己的各种失败。这一联想让他在无意间再次回到了上一段思绪，即体现出对失败十分敏感的思绪。这证明了以前的发现非常细致，因为这一发现揭露了这个事实：在他看来，自己个性中对他的成功造成阻碍的一切因素，以及让他难以发挥出影响力的一切因素，都代表着“失败”。这样一来，他就会在面对精神分析时，表现出一种基本的抵抗力。

这位患者再次来就诊时显得很不愉快。前一天晚上，他遇到了一个朋友，这个朋友向他讲述了自己攀登瑞士帕吕峰的经历。这让他回忆起一件事。有一次，他去了瑞士，在可以自由活动的那几天里，帕吕峰地区始终是大雾天气，他因此无法去攀登。那段时间，他经常对别人发脾气。前一天晚上，他感觉自己再次产生了从前的那种期待。他在床上辗转反侧了几个小时，一直想象着要怎样实现自己的计划和愿望，要怎样解决战争、金钱、时间等所有阻碍。即使睡着以后，他的大脑依然在和阻碍做斗争，这让他在醒来之后感到十分郁闷。在接受精神分析的过程中，他的脑海中浮现出一个看似完全无关的形象，也就是中西部城镇郊区的情景，在他看来，这幅景象意味着单调和凄凉。当时，这个形象包含了他对生活的全部感受。可是，这种感受和他的愿望有什么关系呢？无法攀登帕吕峰就意味着生活惨淡吗？确实如此，在瑞士的时候，他一心想要攀登帕吕峰，这种愿望落空的心情几乎无法用语言来形容。登山并不是他的爱好，而且这件事已经过去很多年了，他早就忘掉了。那么帕吕峰的事情显然不是他烦恼的根源。恢复平静以后，他发现自己如今并没有想去攀登帕吕峰的打算。之所以会回忆起在瑞士的经历，是因为它揭示了一些更深层次的问题。他的一个令人迷惑的信念被打乱了，这个信念就是，一旦他渴望获得某种成功，他就必须有能力满足这种渴望。对他来说，一切难以战胜的阻碍都意味着希望落空，即使那些阻碍就像大雾天气一样完全不受他的控制。那些关于中西部城镇凄凉郊区的联想，只是引出了一个十分有趣的事实——他坚信自己的期望确实是有力的。这意味着，如果他不得不抛弃自己的信念，那么他的生活将变得毫无意义。

从认识本身来说，患者所提供的信息中多次出现的主题或序列都很有价值。如果患者的联想在结束时经常带有某种深意，那么就说明患者有着优秀的智慧和推理能力，或者是通常意义上的不凡之人。精神分析师可以由此了解到，对于患者来说，他的信念在所有特质中是最重要的，也是最容易引发激动情绪的。一位患者如果抓住机会表达出精神分析让他受到的伤害，那么他就会引导精神分析师按照他的暗示得出假设，而且这种假设与抓住机会强调自己改善状况的患者的说法截然不同。在过去的案例中，如果患者表达出来的受伤感符合他多次说明的遭受不公平待遇、伤害或欺骗，那么精神分析师就会重点关注患者本身的那些要素，这些要素说明了患者为什么经常以这种方式生活，以及这种态度所导致的结果。这些多次出现的主张不仅显示出了某种典型的反应，也给某些问题提供了线索——患者的经历为什么总是在重复同一种模式？例如，在实施一项计划时，他为什么总是三分钟热度？或者在和朋友或恋人相处时，他为什么总是怀着相似的失望？

患者的整体结构中所包含的大量矛盾必定会显现出来，精神分析师也会从中找出有用的线索；同样，在诸如强烈的反应、感激、愧疚、怀疑等与愤怒截然不同的夸张行为中也能找到线索。表面看起来，这种过度的情感往往会引出一个隐藏的问题，它引导精神分析师去关注患者因愤怒而产生的情感方面的价值。

梦境和幻想都能够为理解提供明显而关键的帮助。既然它们坦率地呈现出潜意识的情感和对抗，那么它们就能够搭起一座通往理解的桥梁，而在其他情况下，这座桥梁并不起眼。有一些梦不难理解。但一般来说，梦境往往是用一种晦涩的语言表现出来，只有借助自由联想，才能解释这些语言的含义。

从患者由配合转变为想方设法进行防御这一特性中，治疗师可以获得另一种分析方法。因为精神分析师逐渐了解到所有抗力的因素，所以也就逐渐对患者的特征有了更多的认识。有些时候，患者表现出明显的回避或者抗拒，其原因也十分清楚。要想察觉到心理障碍的存在，就必须使用更为常用的敏锐观察。关于对心理障碍成因的认识，患者的自由联想也会提供必要的帮助。如果精神分析师成功地认识了抗力，那么他就会拥有更多的学识，从而能够清晰地理解患者悲伤或恐惧情绪的成因及其所引发的反应的本质。

同样，可以讲明问题的还有被患者忽略的那些论题，或者患者一旦接触就会立刻放弃的那些论题。例如，如果患者严禁自己表现出与精神分析师有关的一切批判性想法，虽然他在其他方面也有很多过度自我约束的表现，但精神分析师依然能够从中获得重要的线索。而另一个例子，则是一位患者坚决闭口不谈自己前一天遇到的让他感到心烦的特殊事件。

在所有这些线索的帮助下，精神分析师逐渐拼凑出一个关于患者过去和当下生活的系统图像，以及对他的个性造成影响的力量的图像，并且认识到在患者与精神分析师之间的关系、与精神分析情景之间的关系中发挥影响力的要素。出于几点原因，尽量正确认识这种关系是十分关键的。第一种情况，这种关系会完全阻碍精神分析的进程，例如，患者隐藏了潜意识中对精神分析师的强烈抱怨。对于即将聆听自己倾诉的人，如果患者内心仍然怀有难以消除的抱怨，那么即使患者有着举世无双的美好愿望，他也绝不会轻易地主动将其表达出来。第二种情况，患者无法使用与对待别人不同的感知和反应来对待精神分析师，因此，在精神分析过程中，他就会不自觉地表现出一些与在其他关系中的表现相同的不理性的感情要素——同样的抵抗，同样的反应。通过整体分析这些要素，精神分析师就有可能认识到患者在其普遍的人际关系中存在的困难，而在整体的神经症中，这些就是最关键的问题，如同我们已经看到的那样。

其实，能够帮助分析师逐渐认识患者心理构造的线索可谓不计其数。但是，对于我们的论述，非常关键的一点就是，精神分析师必须借助精确的推理和直觉来运用这些线索。也就是说，他不可能始终准确地说明自己是怎样获得那些试验性假设的。例如，我本人在工作中有时就会通过自由联想的方式来实现一种认识。在倾听患者的表达时，我或许还会回忆起患者很久以前对我说起的一些事情。然而，我无法立即确定这件事情对当下的情景有什么意义。我已经知道要始终重视这些自由联想，在对其进行细致的观察时，通常都能够证实它们并非毫无价值。

当精神分析师察觉到一些可能存在的关联，或者发现了在相当范围内发挥影响的潜意识要素时，只要他觉得合适，就会向患者告知自己的想法。由于本书并不是关于精神分析技能的教材，由于选择机会与解释以外的面谈技巧和自我精神分析毫无关联，因此，我们在这里只需提到这句话：当精神分析师觉得患者能够接纳和运用时，他就可以向其做出解释。

解释暗示了一些可能的意义。这些解释原本多多少少带有试探的意思，不同的患者在面对它们的时候，也会表现出不同的反应。从本质上来说，如果一个解释是完全正确的，那么它所起到的作用或许就会与预期相符，而且可以激发出一些能够引发更深层含义的联想。或者，患者可能会深入而透彻地考察它，从而逐渐证明它的可靠性。即使这种说明并不完全准确，患者也有可能由此引出一个全新的思想倾向，证明他是愿意配合的。但是，一个解释也有可能引起恐慌或抗拒的反应。上一章中关于患者对自我省察的反应的讨论，在这里也是有价值的。无论患者反应如何，精神分析师都需要了解它们并由此获得新的知识。

在精神分析的过程中，共同努力才是最重要的部分，无论是患者还是精神分析师，都要尽力去认识患者的阻碍。就像我们所看到的那样，患者尽力向精神分析师展示自己，精神分析师尽力去观察和理解，并且适时向患者告知自己的解释。此时，他向患者暗示其中可能存在的含义，双方都尽力考证这些暗示是否真实。例如，他们尽力考证某种解释只在特定的情景中才是正确的，并且具有普遍的重要性。这种解释必定会得到证实，而且其正确性是受到范围限制的。只要这种配合的态度占据优势，精神分析师就能够轻易认识患者并且向其告知自己的发现。

用专业术语来说，真正的困扰只有在患者的“抗力”得到发展时才会出现。此时，患者想方设法拒绝配合。他违反了协议，或者干脆忘掉了协议。他希望可以暂停几天或几个星期。他不再对配合感兴趣，反而迫切渴望得到精神分析师的爱和友谊。他的自由联想开始变得肤浅而又难以捉摸，因此无法起到任何作用。他不再考证精神分析师提供的暗示，对其无比厌倦，并且产生受到打击、伤害和误解的感觉，内心充满了耻辱感。他有可能心怀绝望又毫无意义的冷酷情感，拒绝接受任何试图向他提供的帮助。之所以会出现这种僵持局面，是因为患者无法接受某些自我省察。它们让患者感到无比的痛苦、无比的恐惧，它们摧毁了他心中想要贯彻到底的幻想。而且，他竭尽所能尝试各种手段企图摆脱它们，即使他依然完全没有意识到自己正试图击退令他厌倦的自我省察。他认识到的一切，也就是他以为自己认识到的一切——他受到了误解、羞辱，或是觉得这项任务毫无价值。

而且，从整体来说，这位患者已经被精神分析师紧紧拉住了。当然，在一切有可能存在迹象的暗示中——根据某种说明、指出的问题以及提出的疑问等给予的内容中，都包含着一些引导意味。但是，最关键的主导者应该是患者。可是，如果抗拒的力量过于强大，解释工作和暗示的指导就无法发挥作用了，此时，精神分析师只能进行明确的指导。在这些阶段，他首先要了解抗力本身，然后要帮助患者了解它。除了要帮助患者意识到自己所采取的防御性对抗，精神分析师还要挖掘出患者正在对什么进行阻挠，而无论患者是否愿意配合。他的工作方式是回忆以往的各个阶段，并且尽力找出患者在抗力出现之前可能受到的打击。

这些工作时而非常简单，时而又非常困难。在抗力刚刚出现时，人们可能并没有注意到它。精神分析师可能也没有注意到患者的弱点。然而，如果精神分析师能够及时察觉到抗力的出现，并且顺利地让患者意识到抗力的作用，那么在双方的共同努力下，往往能够考察出抗力的根源。这一考察结果能够直接消除阻挠分析工作深入下去的障碍，而且因为认识到了抗力的根源，也让精神分析师获得了价值极高的资料，这些资料关系到患者想要继续隐瞒的一些因素。

当患者在自我省察中得出一个意义深刻的结果时——例如，他已经顺利地挖掘出某种神经症倾向，并且了解到这一倾向中包含着一个处于初始阶段的驱动力，或许就迫切地需要精神分析师进行主动的指导了。这有可能是一个可以带来收获的机会，过去的很多发现有可能因此而变得不再混乱，更深入的结果有可能更加清晰地呈现出来。如果事实恰恰相反，那么不断出现的状况便是，由于第三章中叙述的因素，患者的抗力刚好在这方面得到发展，并且竭尽所能地以各种方式回避指摘。对于已有的一些解释，他或许会呆板地探索和表达，或许会以略高明的方式否定这一发现的价值。他或许会表现出善意，决定借助一个单纯的愿望掌控这一倾向，让自己不再走向痛苦。最终，他或许会早早地提出一个困惑：为什么这一倾向会发展到足以控制他？对他儿时经历的分析最多只能让相关信息变得清晰起来，认识其根源才是最终目的。因为，他其实正在借助分析过往来逃避理解当下，否认显示出的倾向代表了他真正的生活。

无须太久，这些试图逃避关键性自我省察的努力就会得到理解。事实上，他已经把全部精力用于追逐幻象，对于一个人来说，想要直面这一事实并不容易。更为关键的是，这种自我省察让他面临着需要改变本质的局面。对他来说，正常的做法应该是闭上双眼，不去面对必须搅乱他整体平衡的状况。然而，事实上，他依然在借助这种强烈的退缩来阻止自我省察"深入内心"，进而让他无法从其中可能存在的价值中受益。此时，精神分析师能够提供的帮助就是给予指导，向患者揭露其退缩策略，并且鼓励他尽量详尽地表达出这种倾向对他生活的全部影响。就像前面所说的，要想战胜某种倾向，就必须鼓起勇气面对它的广度、强度和内涵。

当患者无意识地回避一种恰当的认识，即了解到他正在对抗抗力时，另一个问题就出现了，对于这个问题，精神分析师的正面指导或许是必要的。在这里，患者不愿打破现状的倾向或许会再次对精神分析的整体进程造成阻碍。他的自由联想或许只会毫无意义地在冲突的双方之间摇摆不定。他或许会因为拒绝了所有的帮助而感到自豪。一旦精神分析师开始评述其中的一点，他就会跳到另一点上去。由于在探索的过程中，患者可能会把有用的信息显现在各处，因此这个无意识的策略或许很难被发现。但精神分析师依然需要继续探索这种回避策略，并且调动患者的积极性，让他对当下的冲突有一个令人满意的认识。

当对抗抗力时，精神分析师有时需要在精神分析的最后阶段向患者提供指导。因为，当患者了解了抗力后，或许会感到沮丧，他意识到自己的努力和自我省察并没有带来任何改变。面对这种状况，精神分析师必须停止扮演解释者的角色，直面患者在自我省察和改变之间的冲突，尽力指出患者可能具有的、阻挠他直接接触自我省察的潜意识障碍。

截至目前，精神分析师的工作都具有理性特点：他借助自己所具备的知识来帮助患者。然而，他的帮助已经扩展到了自己的特定能力范畴之外，虽然他并没有意识到，他所提供的要比他的专业技能多得多。

首先，精神分析师让患者得到了一个特殊的机会来了解自己的待人态度。在其他关系中，患者最先关注的可能是他对别人特点的看法，他们的偏见、自私、挑衅、卑劣、可疑以及敌意。即使他很清楚自己的这些反应，也仍然会觉得这是别人激怒他的结果。然而，这种特殊的自我纠结在精神分析过程中似乎并不存在，这不仅是因为精神分析师对自己进行过分析，并且还在持续分析着，而且还因为精神分析师和患者之间并不存在生活上的纠缠。这种超脱的关系使得患者跳出了一贯的困惑状态。

其次，精神分析师向患者提供了类似朋友的关怀，让患者获得很多帮助，有机会做一个普通人。从相当程度上来说，这与理性的帮助密切相关。显然，精神分析师需要包容患者，这一点还包含了必须认真对待患者的意味。从本质上来讲，这是十分关键的情感支持。尤其是在患者已经被察觉到的恐惧和疑惑深深折磨时，在患者的缺点被揭露出来时，在患者的自尊心受到伤害时，在患者的幻想受到冲击时，更是如此。因为患者总是回避自己的情感，无法认真地对待自己。这种说法或许令人难以置信，因为大部分神经症患者都认为自己十分重要——或是认为自己的特殊潜能十分重要，或是认为自己的特殊需求十分重要。可是，认为自己十分重要与认真对待自己是截然不同的。前者会引导出自我夸张的形象，而后者则意味着面对真我、发展自己。一个神经症患者经常强调“公正无私”，或是以过于关注自己是荒唐的或者放纵的论点来修饰自己的严肃需求。在自我分析过程中，患者在本质上对自己的不关注就是最大的阻碍之一。相反，专业精神分析的最大优势就是它意味着与某个人相互配合这一事实，这个人与患者友好相处，借助自己的态度激发患者的勇气。

当患者被呈现出来的焦虑感掌控时，人类的这种帮助就具有了特殊意义。面对这种情况，精神分析师几乎不会直接消除患者的焦虑。焦虑终究会被消除，但是在解决的过程中，它会被当作具体的问题进行解释，无论解释会带来怎样的结果，这种解释本身都会减轻患者的未知恐惧。同样，当患者情绪低落并且有了中止治疗的想法时，精神分析师除了进行解释，还要做更多的工作：精神分析师的真实意图是把这种态度当作冲突的后果来认识。这个意图会给患者带来更大的帮助，比任何安慰和鼓励效果更好。

另一种情况就是，患者长久以来用来建立自尊心的那个幻象的根基受到了动摇，导致他开始怀疑自己。这可以帮助患者消除关于自己的有害幻想。然而，我们必须牢记，无论在哪一种神经症倾向中，患者强大的自信心都受到了极大的伤害，被占据主导地位的幻象所取代。然而，患者在努力的过程中，根本没有办法对这两者进行辨别。他觉得，打击他夸张的思维形式就相当于摧毁他的自信心。他意识到自己并非想象中的那样神圣、忠实、强大、独立，他无法忍受自己失去光彩。对于这个问题，即使他自己已经失望了，他也迫切地需要一个依然看好他的人。

简单地说，精神分析师对患者提供的人道支持，与朋友之间的支持几乎是一样的，都有情感上的帮助和鼓励，都关心他是否快乐。这或许是患者第一次从别人那里得到包容和关心，第一次有人觉得他并不是一个真正心怀怨恨、疑神疑鬼、放荡不羁、要求苛刻或者喜欢撒谎的人。而且，虽然这个人十分清楚他所具有的倾向，但是仍然喜欢他、尊重他，认为他是一个勤奋努力的人。如果精神分析师能够证明自己是个十分可靠的朋友，那么患者或许能够在这段令人愉快的关系中重新学会相信别人。

既然我们想知道自我分析是否可行，那么总结精神分析师要做的工作，考察它们能在哪种程度上被独立分析的患者所接纳，这样的做法应该是合适的。

可以肯定的是，比起自我观察，专业旁观者的观察会更加精确，尤其是关系到自身时，自我观察肯定不够客观公正。然而，我们早已探讨过一个与此截然相反的事实，即无论怎样的旁观者，都不如我们自己更了解自己。精神分析治疗的经历证明，如果一个患者一直试图认识自身的问题，那么他无疑会具有敏锐的自我观察能力，而且这种能力十分惊人。

在自我精神分析过程中，认识和说明是一个独立的过程。根据经验，比起一个独自进行自我分析的人，精神分析师能够更加快速地把握观察结果可能具有的含义和重要性，就像一个优秀的技工能够更加快速地检查出汽车故障。通常来说，他的认识也会更加完整，能够发现更多的含义。能够更加确切地认识已经把握的要素之间的关联。在这里，患者的心理学知识将会发挥作用，即使它们依然无法取代长期从事心理学工作所积累的经验。对于自己的观察，患者无论如何都完全可以理解其含义，就像第八章中的案例所要阐述的那样。当然，他或许发展得并不快，而且缺少精确性，但我们要记住的是，即使是在专业的精神分析中，决定关键性发展速度的也并不是精神分析师的认识能力，而是患者对自我省察的接受能力。在这里，最适合引用弗洛伊德对刚刚开始分析工作的年轻精神分析师的安慰——在对联想进行评价的时候，不应太过担心自己的能力。在精神分析过程中，真正的困扰并不是理性的认识，而是如何解决患者的抗力。我坚信，在自我精神分析中同样如此。

一个人能够克服自己的抗力吗？这个问题与自我分析是否可行密切相关，因此，它才是需要回答的问题。这个问题让人不禁联想到，一个人可以依靠自己的能力平步青云，然而，对于克服自己的抗力，由于其事实上依然会保留一部分自我，因此似乎完全没有保障。当然，这项工作是否可行，完全取决于抗力的强度，就像完全取决于解决抗力的刺激力量那样。然而，关键的问题并不是能否解决全部抗力，而是可以在哪种程度上解决抗力。关于这个问题，我准备在下一章进行解答。

专业的精神分析过程中依然存在着一个事实，即精神分析师并不仅仅要给出解释。在治疗过程中，精神分析师作为一个人，与患者的人际关系是十分关键的要素。这种关系包含着两个重要的方面。第一，在这种关系中，患者和精神分析师共同观察他的行为，向患者提供一个特有的机会来分析他一贯的待人态度。在普通的关系中，如果患者知道如何对自己进行认真的观察，那么他就完全可以取代精神分析师的角色，从上述的那些行为中有所收获。从本质上来说，患者在配合精神分析师工作时所表现出来的期待、希望、担忧、缺点和压抑，不同于他在与朋友、爱人、孩子、老板、同事或仆人的关系中所表现出来的这些情绪。如果他认真仔细地去了解，那么他将发现，他的特性存在于所有这些关系中，他将有足够的机会认识到自己是实实在在的社会一员。

然而，至于他是否充分利用了这些原始材料，则是另一个问题了。可以肯定的是，当他试图评价自己的人际关系情况时，他将会面临一项十分艰难的工作，这项工作比在精神分析情景中显得更加艰难。在精神分析过程中，精神分析师本人的情况一点都不重要，因此，很容易找出患者自身出现的困扰。在普通关系中，每个人都具备自己的特征，即使他客观、坦诚地观察自己的愿望，当分析过程中出现困扰或阻碍时，他也有可能把责任推给别人，并且把自己视为完全无辜的受害者，或者最多只是替它们的无理性进行辩护。在后一种情形中，他未必像迎合公然谴责那样迟钝。他有可能用看似理性的态度坦诚自己的易怒、愤慨、背叛甚至卑劣，但私下却保留这种辩护的态度，并且恰当地回应别人的过分行径。他越是难以直面自己的缺点，别人推断出的困扰因素就会越强烈，他越容易失去了解自己从而有所收获的机会。如果他不仅夸大掩盖别人缺点的一面，而且夸大其对立面——诽谤自己的一面，那么这两种危险就的确具备相同的特征。

还有另一个因素，使得患者在自己与精神分析师的关系中，比在与其他人的关系中更容易发现自己的特征。他的困扰的个性——怀疑、依赖、自负、报复，他想要消除或减弱最低程度伤害的倾向，或者其中的任意一个——往往与他最切身的利益不一致，这不仅是因为它们导致他的人际关系令人不满，而且是因为它们导致他对自己感到不满。然而，这个事实在他的普通人际关系中并不明显。他觉得自己渴望借助维持依赖、发起报复以及超越他人的方式达到某些目的，因此，他几乎不会想去了解自己当下正在做的事情。在精神分析过程中，同样的特点就是以如此直接地违背他本人利益的形式体现出来，因此，分析师总能准确地了解到患者的负面个性，很少会出现患者蒙骗分析师的情况。

然而，如果一个人想要摆脱情感阻碍，那么在可能的范畴内，他很难完全进入对自己的待人态度的分析中。就像第八章中关于自我分析的案例所描述的那样，克莱尔通过检查自己和爱人之间的关系，来研究自己近乎病态的依赖性的复杂问题，即使上述的两个障碍其实很难得到解决：她爱人的人格混乱程度至少和她相同；她把自己的神经症期待和担忧作为出发点，那么必定会有某种切身利益，促使她避免去了解自己的爱其实是一种依赖的需求这一事实。

精神分析师对患者或直接、或间接的人情帮助，是他与患者关系的另一个方面。考虑到精神分析师所提供的其他帮助在某种程度上是可以被取代的，所以，在自我分析过程中，纯粹的人情帮助必定会受到限制。如果一个人独立工作，但却十分幸运地拥有一个能够理解他的朋友，他可以和这位朋友一起讨论自己的发现，或者，如果他可以经常和一位精神分析师一起审视这些发现，那么他就会意识到自己在工作中并不是孤身一人。但是，这仅仅是一种权宜手段，并不能完全取代患者在与他人的密切合作中努力工作所产生的全部无形作用。缺少这种帮助也是让自我精神分析变得困难的一个原因。

第六章

偶然的自我精神分析

偶然的自我分析并非难事，有的时候，它能够立刻发挥作用。其实，每一个真诚的人在解释自己的情感或行为方式背后的真正动机时，所做的事情与自我分析没什么不同。如果非要区分的话，那就是他们并不知道精神分析是什么。如果一个人很喜欢漂亮或有钱的女性，那么他有可能这样问自己：虚荣心或金钱是否在他的感情世界里占据很大的位置。如果一个人无视自己几乎完全正确的想法，并且向意见相左的妻子或同事妥协，那么他有可能这样问自己：他的妥协究竟是出于坚信这个问题几乎与利益无关，还是出于害怕争论？我觉得，人们经常会这样审视自己。有很多人都会这样做，可是他们却完全否定精神分析。

偶然自我精神分析的重要范畴中并不包括复杂的神经症性格结构，它只适用于明显的症状，即某些具体的和一般情况下的强烈的烦扰情绪，这种烦扰情绪的特点是令人心烦意乱，要么激发出人的好奇心，要么直接控制人的注意力。因此，本章所提到的一些案例涉及一种机能性头痛，一种突发的焦虑，一个律师对行为的担忧，一种胃功能的严重紊乱。而一场可怕的梦，一次忘记约会，或者因出租车司机的小骗局而产生的过度愤怒，倒是可以激发出一种认识自己的愿望——或者更准确地说，可以揭露出导致那个特殊结果的根源。

后者的特点看上去或许有些鸡蛋里挑骨头，但事实上，它体现了偶然努力解决问题与系统地分析自己之间的关键性区别。偶然的自我精神分析需要做的，就是了解并消除情绪紊乱的根源。在这里，期望能够获得更好的锻炼来面对生活中的普通状况，这一更加重要的诱因也许会发挥作用。然而，它的作用仅限于期望减少懦弱、头痛或者不便等范畴之内，完全不同于那种更加深刻、更加确定的无限发展自己能力的愿望。

就像这些案例将会解释清楚的那样，形成审视目标的情绪紊乱也许是强烈的，也许是长久的。它们的产生或许源于某种场合中的真实困难，或许源于某种慢性神经症。某些因素决定了它们是否能够接受一种捷径式的探索，或者在处理时是否能够进行更深刻的分析工作，我将在后文中探讨这些问题。

偶然的自我精神分析不需要系统的自我精神分析那么多的前提条件。它只需要一些心理学知识，这些知识可以从日常经历中获得，而书本知识则并非必需。唯一的必需条件，就是要坚信潜意识的强大力量确实会扰乱一个人的人格。但是，反过来说，一定不要轻易满足于那些针对情绪紊乱的简单解释。例如，一个人被出租车司机骗走了一些钱，这让他的情绪十分烦躁，或许他会安慰自己，每个人被骗时都会生气，但是他不应该因此就停止自我分析。如果一个人的消沉症状非常严重，那么他必定会质疑自己的政府基于全球局势而做出的解释。一个人宣称自己是因为太忙才总是忘记约会，这种辩解也是难以令人信服的。

那些明显不属于神经症症状的表现是很容易消除的。例如头痛、胃功能紊乱、对刺激无反应的疲惫，等等。事实上，人们可以观察对于这类情绪紊乱的两种完全相反的态度，这两种态度有着相同的极端性和片面性。一种极端是刻板地认为，头痛源于天气变化，疲惫源于工作繁忙，胃功能紊乱源于食用过期食品或胃溃疡，而完全没有考虑到这些症状也许源于精神因素。之所以会有这样的态度，或许是因为全然的愚昧。然而，对于无法忍受任何精神失衡或自身缺点的人来说，这也是神经症倾向的一种。另一种极端则坚信一切情绪紊乱都源于精神因素。他们认为，疲惫绝非源于工作繁忙，感冒也绝非源于患有严重的传染病。如果他有了情绪紊乱的感觉，那么必定是他自己出了问题。如果某种症状源于精神因素，那么他就要依靠自己的能力将其消除。

可以肯定的是，这两种态度都具有强迫性，最积极的态度应该介于这两者之间。我们或许确实为世界局势感到深深的担忧，但是，这种担忧不应该让我们感到失落，而是应该促使我们行动起来。我们的疲倦有可能源于工作过度或睡眠不足。我们的头痛有可能源于视力衰退或脑肿瘤。当然，在分析清楚医疗解释之前，精神因素并不会被视为导致身体症状的唯一原因。最关键的是，在重点关注似乎有道理的解释的同时，我们还应该分析他的感情生活。即使他的障碍源于流行性感冒，这种行为依然是有益的。在开始合适的药物治疗以后，应该考察是否存在某些潜意识的精神因素，这些因素是否会削弱抵御传染病的能力，进而拖慢病愈的速度。

如果我们的脑海中曾经出现过这些普通的思考，那么我坚信，以下案例能够大致概括出关于偶然自我精神分析的问题。

约翰是一位企业家，性格非常好，他结婚五年了，婚后生活看上去很幸福。然而，他患有弥漫性压抑症和“自卑情结”，这几年里，他时不时地感到头痛，但没有检查出任何器质性病变。他虽然没有接触过分析治疗，但很清楚精神分析的思维方式。最终，他请我分析一个十分复杂的神经症案例。正是因为具备自我精神分析的经验，他才会如此相信精神分析的疗效。

他是在无意中对自己的头痛症状进行分析的，并非刻意为之。他和自己的妻子以及另外两个朋友一起去看音乐戏剧，可是，演出刚刚开始，他就头痛起来。这让他有种奇怪的挫败感，在观看演出之前，他其实完全没有异样。起初，他有些烦躁，觉得自己头痛是因为演出的水平太糟糕，让他白白浪费了一晚上的时间。可是，他很快就意识到，即使演出水平很糟糕，也不至于会让人头痛。况且这场演出也算不上非常差劲，当然，跟他比较喜欢的萧伯纳的戏剧没法比，这时，他注意到了“比较喜欢”这个词，与此同时，他的心中闪现出一丝愤怒感，他立刻发现了其中的关联。在商量去观看哪场戏时，最终的选择并不是他所喜欢的。这似乎并不值得计较，他觉得自己应该是个大公无私的人，可这和观看戏剧又有什么关联呢？然而，他强烈地感觉到这两者之间是有关联的。他的愤怒源于遭到了强迫。意识到这一点之后，他的头就不痛了。他还意识到这种症状并不是第一次出现。比如，有时他并不想打桥牌，可是别人却强迫他去打桥牌，这时他也会出现头痛的症状。

在意识到头痛与被强迫后的愤怒感之间的关联后，他感到十分震惊，但他并没有对此进行深入的思考。然而，几天后的一天，他醒得很早，再次感到严重的头痛。前一天晚上，他出席了一个团体职工会议，会议结束后，大家一起喝了酒。起初，他对自己说，头痛是因为酒喝多了。他一边这么想，一边重新躺下，打算继续睡觉，可是怎么都睡不着。一只苍蝇在他脸旁不停地嗡嗡飞，让他感到愤怒，此时，这仅仅是一种微弱的愤怒，然而，愤怒感迅速地强烈起来。后来，他回忆起一个梦，也可以说是梦中的一小段情节：他用吸墨纸捏死了两只臭虫。吸墨纸上有很多洞，事实上，可以说是布满了洞，那些洞组成了看起来很有规律的图案。

他由此想起了一件小事，有一次，他剪下那张薄纸上的图案，把它折叠成一个纸人，然后把纸人拿给妈妈看，希望能够得到夸奖，但妈妈只是漫不经心地瞟了一眼。接着，他还由吸墨纸想到了前一天晚上的职工会议。会议中，他感到十分厌倦，于是随手在纸上乱写乱画。但他不只是画些乱七八糟的东西，还把主席和他的竞争对手画成了漫画形象。事实上，他从未刻意把那个人视为竞争对手，因此，当“竞争对手”这个词出现在他脑海中时，他感到十分诧异。最终，竞选只能采取表决的方式，这让他隐隐有些担忧。但他没有明确的反对理由。其实，他所提出的反对观点原本就没有击中要害。它不仅肤浅，而且很快就被忘掉了。可是，现在他意识到自己遭到了他们不公正的对待，因为，如果他本人认可他们的处理方式，那么就意味着他必须去做很多枯燥乏味的工作。他们一直如此聪明，以至于他并没有注意到这一点。这样的后知后觉令他突然大笑起来，因为他终于明白了臭虫的含义——主席和竞争对手都是如臭虫般惹人讨厌的吸血鬼。但他至少已经在梦里实施了报复，想到这里，他的头就不痛了。

在之后的三种情境中，每当再次头痛，他就寻找深藏于其中的愤怒情绪，只要找到它，头就不痛了。从此以后，头痛的症状再也没有出现过。

回忆这段经历，比起最终的收获，能够轻松地得出结论决定了一个人最初的触动。然而，就像在任何方面一样，在精神分析中也是难得出现奇迹。症状能否轻松消除取决于它在整个神经症结构中的效用。在这个案例中，头痛并没有发挥太大的效用，比如阻碍约翰去做那些让他恐惧或厌恶的事情，或者作为对冒犯或伤害过自己的人的一种抗议方式，又或者是作为获取特殊关照的筹码。如果头痛或者其他任何症状承担着此类关键作用，那么就需要长期深入的分析治疗才能使其痊愈。这样一来，人们就要研究与症状相关的所有需求，而且，要等分析工作结束之后，这些症状才会消失。在约翰的案例中，他的头痛症状只是因为被压抑的愤怒加剧了紧张情绪，因此，头痛症状其实并没有发挥任何效用。

还有另一个原因也降低了约翰的成功程度。当然，解决头痛的症状也算是有所收获，但我认为，我们似乎过于高估了这种明显的、可感知的症状的重要性，从而过于低估了那些不可感知的精神困扰的重要性。例如，在约翰的案例中，他违背了自己的愿望和想法，并且消除了抑制自主的情绪。最后证明，这些烦扰情绪在他的生活和发展中起到了十分关键的作用，但它们并没有给他的自我分析带来任何变化。他得到的全部结果就是，认识到自己越发强烈的愤怒情绪以及症状的消失。

其实，约翰对于任意事件的自我分析结果都本应高于实际结果。比如，分析他在观看音乐戏剧时所产生的愤怒情绪，就会涉及他难以了解的很多问题：他和妻子之间最基本的关系是怎样的？他之所以能够拥有令他自豪的幸福婚姻，仅仅是因为他单方面的妥协吗？此外，他为什么要压抑愤怒情绪呢？是因为对爱有着强迫性需要吗？他会担心受到妻子的指责吗？他一定要维持自己那种永不计较琐事的高尚形象吗？他没有勇气追求自己的期望吗？他的愤怒究竟是针对自己受到的强迫，还是针对自己的懦弱和屈从？

或许通过分析职工会议之后的愤怒，也能揭露一些更深层的问题。当切身利益遭到破坏时，他为什么没有及时察觉？而且，他没有勇气维护自己的利益吗？或者这种愤怒已经达到了要把臭虫捏死的程度，以至于只有彻底压抑它才能保证安全？此外，别人是否因为他的屈从而利用了他？或者他曾经被人利用过，而这种经历其实只是他对合作的一种正当期待？他想给别人留下怎样的印象？——这是否与期望得到妈妈夸奖的记忆有关？从根本上来说，他是因为给同事们留下了失败的形象而愤怒吗？他对自己的自卑有多么强烈的愤怒？这些问题都是约翰并未考虑到的。他找到了受压抑的、对别人愤怒的作用，却又将其置之不理。

关于第二个例子，首先让我对自我分析的可能过程进行思考。哈里是一位医生，因为受到恐慌的困扰，所以来找我做精神分析。他曾经用吗啡和可卡因来缓解恐慌。有时候，他还会犯自我炫耀的毛病。可以肯定的是，他的神经症已经十分严重了。他接受了几个月的治疗，然后出门旅行，并且在旅途中分析了自己突发的焦虑感。

与约翰的案例相同，哈里的自我分析也不是刻意开始的。它起源于一次相当严重的突发焦虑，表面看起来，这次焦虑源于一场真实的危机。哈里和他的女朋友一起去爬山，虽然路上很累，但只要保持视野清楚，他们就不会有任何危险。然而，突然降临的暴风雪把他们笼罩在大雾中，情况因此变得危险。哈里开始感到恐慌，呼吸急促，心跳加快，最终不得不躺下休息。他并没有深入思考这件事，只是简单地将其归结为情况过于危险以及自己太累了。顺便说一下，这个案例也证明了我们有多么的满足于对“如果我们希望成

为”的错误解释

——由于哈里是个身体强壮的人，因此他不可能害怕危险。

第二天，他们沿着悬崖上的小路走向高山。女朋友走在哈里前方。突然，哈里发现自己产生了一种冲动，想要把爱人推下悬崖，这让他再次心慌起来。他非常震惊，自己居然有这样的想法，他明明深爱着女朋友。他想到了德莱赛的《美国的悲剧》，在这部小说中，男主人公为了摆脱自己的女朋友，把她淹死了。然后，他又想起了前一天遇到的恐慌，他好像从未经历过与当时相似的冲动。这个短暂的念头刚刚出现，他就强行将其制止了。然而，他还记得，在冲动出现之前，他已经对女朋友产生了一种愤怒情绪，而且这种情绪愈演愈烈，但在一阵突发的剧烈波动之后，他又把这种情绪全部放到了一旁。

所以，突发的焦虑感包含着这样的意思：对女朋友的敌意与对女朋友的爱意形成了一种冲突，这种冲突激发了剧烈的冲动。他感到无比轻松，并且因为自己分析了第一次的突发焦虑以及克制了第二次的突发冲动而感到自豪。

与约翰相比，哈里更进了一步，因为他心里产生了恐慌感，这种恐慌源于他意识到自己对爱人的敌意以及杀人的冲动。在继续前行的时候，他提出了这个问题：为什么他想杀她？他立刻回忆起前一天早上他们的谈话内容。女朋友极力称赞他的一个同事，认为那个同事非常善于社交，而且在主持聚会时魅力四射。就是这样。然而，这并不足以激发如此强烈的敌意。可是，在思考这些问题时，他意识到自己心里翻滚起一种愤怒感。他是在嫉妒吗？可是，女朋友并不会因此而离开他啊。虽然这个同事的身高不如他，也不是犹太人（他对这两点非常敏感），但他确实能说会道。当他把注意力集中在这些线索上时，他对女朋友的敌意消失了，他开始专注地拿自己和那个同事做比较。这时，他回忆起一件事。他在四五岁的时候，很想爬上一棵树，但无论怎么尝试都失败了。他的哥哥可以轻而易举地爬上去，还拿他开玩笑。他还回忆起妈妈夸奖哥哥，却没有夸奖他的情景。他不管做什么都比不上哥哥。前一天，他肯定是因为类似的事情而愤怒：他仍然无法容忍有人在他面前夸奖其他人。进行了这样的自我省察之后，他感到十分轻松，登山时不再吃力，并且找回了自己对女朋友的爱意。

与第一个案例相比，第二个案例在一方面成效显著，而在另一方面成效甚微。虽然约翰的自我分析比较肤浅，但他的自我分析确实比哈里多了一个步骤。约翰没有满足于仅仅能够解释某种特殊情景。他认识到自己头痛的根源可能是一种被压抑的愤怒。而哈里的分析则只针对一种特定的情景。他并没有思考自己的发现是否与其他突发的焦虑有关。在另一方面，哈里的自我省察比约翰更加深刻。对杀人冲动的理解便是真正得到了一种有关情绪的经验。至少他找到了敌意来源的细微线索。他已经意识到自己正在面临冲突这一事实。

在第二个案例中，同样有很多并未提出的问题：如果哈里难以容忍有人在他面前夸奖其他人，那么他的反应为什么会如此强烈？

如果让他产生敌意的仅仅是那个夸奖，那么他的危机感为什么会如此严重，甚至会引发施暴的想法？他被庞大而脆弱的虚荣心控制了吗？如果真是这样，他身上到底有什么缺点，需要如此大费周章地进行掩饰？与哥哥的竞争必然是一个意义重大的历史因素，然而，这种解释不足以作为充分的证据。他完全没有探索冲突的另一方，也就是他对女朋友的爱意的本质。他之所以需要她，只是为了得到她的夸奖吗？他的爱意里包含了多少依赖？他有可能出于其他原因对她产生敌意吗？

第三个案例分析的是一种对舞台的恐惧感。比尔是一位聪明健壮、事业有成的律师。他经常会做被人从桥上或高塔上推下来的噩梦。当坐在剧场二楼第一排时，他只要往下看就会感到眩晕，同样，从高楼窗口往下看时，他也会感到眩晕。有时候，在必须出庭或面临重大诉讼前，他会感觉心神不宁。他出生在贫穷的家庭，害怕失去自己用杰出的成就换来的生活。他经常感觉，虽然他把自己掩饰得很好，但终有一天会暴露。他说不清楚自己为什么会有这种恐惧，因为他坚信自己并不比同事们差：他能言善辩，人们通常都会因为他的论证而信任他。

由于他十分坦诚地讲明了自己的情况，因此，经过几次面谈，我们就基本找到了他的冲突。这种冲突的一方面是一种超越别人、掌控别人的需求，另一方面是一种维护自己正直无私形象的需求。这两个方面都没有受到过多的压抑，他只是没有发现这些冲突的力量和本质。有一次，这种冲突通过尖锐的问题体现出来，他由此意识到了自己的伪装。因此，他不自觉地将这种无意识的伪装与眩晕症状联系起来。他意识到自己渴望在生活中拥有很高的地位，但又害怕暴露自己真实的野心，害怕别人会因此而背叛他，推翻他，所以，他必须装出淡泊名利的样子，让自己看上去是一个非常好的人。其实，他原本就是一个诚实的人，他已经大致了解了自己的一些伪装，于是又因为这些伪装而反过来害怕自己被“拆穿”。通过这种解释，他的眩晕症状完全可以消除，其实，眩晕症状就是这种恐惧感的生理表现。

最后，他必须要离开城市。我们并没有提到他对公众事业的恐惧感，以及对与某些当事人会面的恐惧感。我建议他观察周边的状况，他对舞台的恐惧会在什么情况下增强，又会在什么情况下减弱。

过了一段时间，我收到了他的观察报告。起初，他认为自己的恐惧感是在他提供的案情或者采用的论据出现争议时产生的。但他并没有针对这个方面继续探索下去，虽然他知道自己的探索也有正确之处。然后，他遭到了负面打击，但他的自我分析却因此有了非常好的进展。对于一件很难处理的诉讼案件，他的准备并不十分充足，但是，由于那位审判官总是不愿过度深究，因此，他不是太担心拿出自己的论据。然而，那位审判官生病了，临时换了一位严格而固执的审判官，他听到这个消息后，竭力暗示自己替换的审判官并不是个差劲、狡猾的人，想以此来安慰自己。可是，他的恐惧感不仅没有减弱，反而逐渐增强。最后，他想起了我的建议，于是开始努力进行自由联想。

最开始出现的是他儿时的形象，但是那个小孩子浑身都包裹着巧克力蛋糕。起初，他很不理解这个形象，但他很快联想到自己曾经幸运地躲过一次惩罚的事情，他的妈妈也被他逗笑了，觉得他太“聪明”了。于是，这个“幸运取胜”的主题保留了下来。他还回忆起另外几件事，比如上学时，有一次，他没有完成作业，却幸运地没被老师发现。此外，他还想起了一位他很讨厌的历史老师，那种厌恶感如今依然存在。他让全班同学写一篇关于法国大革命的文章。在发考卷的时候，这位老师批评他的文章华而不实，通篇都在堆砌辞藻，还用其中的一个词作为例子，惹得全班哄堂大笑。这让他感觉非常丢脸。英语老师一直肯定他的文采，可是历史老师似乎总是对他的风采嗤之以鼻。在这里，他原本是想说“对文采嗤之以鼻”，可事实上却说成了“对风采嗤之以鼻”，这让他感到诧异，但随后又觉得很有趣，因为“风采”这个词才是充分表达了他的真实意思。的确，就像那位历史老师一样，替换的审判官也对他的风采或者他的辩论能力无动于衷。事实就是如此。他习惯了依靠自己的风采和辩才“幸运取胜”，因而完全无须做太多准备。可是，一旦遇到这种方式完全行不通的情况，他就会产生恐惧感。由于比尔并没有受到这种神经症倾向的严重折磨，因此他的自我省察能够给他带来真实的成效：更加严肃、认真地对待自己的工作。

甚至可以说，他取得了一定的进步。他知道了自己在面对朋友关系、异性关系时，使用了哪种程度的自我风采。他觉得自己的风采足以迷倒别人，因此根本不在乎自己在任何关系中都没有付出更多这一事实。他意识到自己已经发现了另一个伪装，所以他把这一发现与我们的讨论联系起来。最终的结果就是，他意识到自己必须做个正直的人。

他显然可以在相当程度上这样做，因为自从发生了六年前的那件事后，他的恐惧感其实已经消失了。这类似于约翰消除了头痛症状后得到的结果，但它们必定会得到不同的评价。就像前文中所说的，头痛只是一种表面症状，因为这种症状是意外出现的，而且很微弱，并没有给他带来本质上的困扰。此外，它们没有造成继发的影响。真正给约翰带来困扰的有两个不同的方面，就像此后的精神分析中所探讨的那样。而另一方面，比尔的恐惧感源于一种强烈的矛盾。这些恐惧并没有对他本人造成阻碍，但他的生活中有对生命意义重大的活动因此遭到了阻挠。消除头痛症状并没有改变约翰的个性，唯一的改变或许就是他会感觉到些许的愤怒。而比尔之所以能够消除恐惧的症状，不仅是因为他认识到这些恐惧源于他人格中的某些矛盾倾向，更是因为他可以改变这些倾向。

此外，就像在约翰的案例中那样，我们的成果再次超过了预期。然而，如果仔细比较，会发现其中的差别并不是很大。的确，比尔并没有花费太大的功夫，就消除了长期困扰他事业的严重苦恼，而且认识到了与他本人相关的几个重要因素。他意识到自己依靠多少伪装来欺骗自己、欺骗他人，意识到自己真正的野心远远超出了他内心已经承认的，还意识到自己只是凭借聪明和风采而非踏实、努力的工作来实现自己的野心。然而，在评价这种成功时，我们必须注意，与约翰和哈里相反，比尔的精神本来就是正常的，虽然他有一些神经症倾向，但并不严重。他的野心以及他对“幸运取胜”的需求并不具有很大的强迫性，也没有受到严重的抑制。他的个性极具活力，因此，他可以在认识到自己的问题后，就立刻大幅度地将其减弱。如果暂时放下从科学的角度理解比尔的情况这种努力，我们可以将他视为一个努力争取舒适生活的人，以及一个一旦发现自己的方式毫无效果，就可以做得更好的人。

自我省察完全可以消除一些明显的恐惧。然而，即使这是最有效的捷径，也依然包含了很多需要处理的问题。那个从高处被推下来的噩梦究竟有着怎样的真实含义？比尔是否需要独居有利地位？他是因为无法忍受任何竞争，才试图把别人推下去吗？他害怕别人会使用同样的手段来对付他吗？他的恐高症仅仅是源于害怕失去已有的成就，还是除此之外也害怕跌下虚幻的有利地位——就像他经常产生的此类恐惧感那样？他为什么不把自己的全部工作放到与自己的才能和抱负相符的方向上？他之所以对待工作不够认真，仅仅是因为他的野心受到了压抑，还是他认为如果自己像那些普通人一样认真工作，就会损伤自己所具备的优势？他为什么始终不在人际关系中多付出一些？他会因为太看重自己——或许太忽视别人——所以难以承受很多突如其来的感情吗？

从治疗的角度来讲，关于这些附加问题是否有必要去探究，则是另一码事。在比尔的案例中，比起恐惧症状的消除，少量的精神分析则具有更加深刻意义，它或许会形成一种良性循环。由于他已经了解了自己的野心，而且进行了深入的分析工作，因此，他就会实实在在地为自己的野心建立更加现实、更加坚实的基础，从而让自己更加自信、更加坚强，并且减少自己的伪装。摘掉伪装后，他会获得更多的自由，并且不再因为害怕暴露而感到恐惧。这些改善或许会给他的人际关系带来正面的影响，并且给他带来更多的安全感。如果精神分析已经挖掘出了所有未曾触及的问题，那么这样的结果几乎就是可以确定的事实。

最后一个案例与真实的神经症关系最远。它涉及的精神分析以烦扰情绪为对象，这种烦扰情绪源于一个现实情景里的真实障碍。汤姆是一位医生助理，他的上级是一位著名的临床医生。他十分热爱这份工作，而且他的上级也很喜欢他。他们二人交情很好，经常一起吃午餐。有一次，他们共进午餐后，汤姆感到胃部有些不适，他觉得可能是食物的问题，所以就没当回事。可是，第二天，他们再次共进午餐后，汤姆感到头晕、恶心，比前一天更难受。他去做了检查，发现自己的胃部并没有任何异常。此后，这种烦扰情绪又出现过第三次，每一次，他都会对食物的气味非常敏感，并且感觉非常不舒服。这种情况出现了三次后，他意识到，只有当与上级共进午餐时，他才会出现这种情况。

其实，他最近不太愿意与这位上级相处，有时还会觉得无话可说。他很清楚其中的原因。他和这位上级在研究工作中出现了信念上的分歧。最近的几个星期，他越发确定自己的发现。他一直想和这位上级谈一谈，但不知为何，他始终没有时间和精力进行这番谈话。他意识到事情已经被自己一拖再拖。但是这位老人对于学术问题相当固执，不愿接受任何反对观点。汤姆抛开自己的利益，安慰自己一场顺利的谈话能够解决所有问题。他推测，如果胃部的不适是因为不得不承受恐惧，那么他的恐惧肯定要比他本人所承认的更加严重。

他觉得事实的确如此，而且有两个证据足以证明。其一是这些想法刚刚在他脑海中出现，他就突然感到不舒服，和共进午餐后的感觉似乎完全一样。其二是他意识到自己此时突然出现了反应。在他第一次感到不适的那个午餐时间，这位上级不顾自己的名声，大肆抨击前任助手忘恩负义。这些年轻的同事让他感到无比愤怒，他向汤姆倾诉着这种愤怒：他们从他这里学到了很多东西，然后却离开了他，甚至此后依然不断地向他请教学术问题。听着这样的倾诉，汤姆觉得这位上级很可怜。此时，他有了这样的想法：其实，这位上级真正难以忍受的是前任助手独自一人取得了事业上的成就。但他把这个想法压制了下来。

这样一来，汤姆发现自己已经以逃避的方式来应对现有的危机，并且了解到了自己的恐惧程度。他的行为真正地威胁到了他和上级之间的友好关系，这同样会威胁到他的前程。或许他确实会遭到上级的反对。这个想法让他产生了恐惧感，不知道是应该继续验证自己的发现，还是应该置之不理。这种想法几乎转瞬即逝，但他却立刻意识到，对他来说，这是学术上的忠诚与前程上的威胁之间的一个冲突。由于他压抑了自己的担忧，因此不得不做出逃避的决定。这样的自我省察让他放松下来。他很清楚，做出这个决定很难，但这种做法无疑能够让他的立场更加坚定。

汤姆在对我讲述这件事的时候，并没有强调其中的自我分析，而是强调对自己不忠所具有的诱惑力。我的这位朋友是一个十分难得的理智的年轻人。即使他有可能具有某种尚未被察觉的神经症倾向，比如否认一切恐惧之类，他也并没有因此而患上神经病。或许有些人并不认为汤姆下意识地逃避做决定这一事实其实是一种隐蔽的神经紊乱的行为。但健康和神经症之间必然没有清晰的界限，因此，将其视为一个值得关注的问题，并且将汤姆视为一个正常人，似乎更加合适。如此一来，就可以将这个案例界定为一种情境神经症，也就是一种由特定情境中的障碍引发的神经紊乱。只要没有自发地认识和消除其中的冲突，这种神经紊乱就会一直维持下去。

虽然我们已经批评了这些案例中的结果，但归类思考它们，则有可能引发对偶然的自我精神分析过度乐观的印象，这种印象或许会让人们在自我省察上更易犯错而不易得到收获。为了弥补这四个多多少少有些成功的案例不足以说明的问题，我们应该用二十多个导致病程中断的案例来描绘出一个更加合适的图像，从而更快地掌握一些精神困扰的含义。这种弥补似乎很有必要，因为，如果一个人在神经症的困扰中感到孤立无援，那么他就会产生企图创造奇迹的念头。我们必须清楚，任何非常严重的神经症或者其中所有的基础部分，都不可能仅凭偶然的自我精神分析就能够治愈。因为，按照形态心理学的说法，神经症患者的人格并不是由零散的因素堆积起来的，而是具有一种系统的结构，这种结构的每一部分都彼此密切关联，而且这种关联相当复杂。偶然的自我分析的确可以找出散落在各处的关联，认识那些直接导致烦扰的因素，消除表面的症状。但是，要想从根本上实现改变，就必须对整体结构进行分析，也就是需要进行更具体的精神分析。

因此，从本质上来说，偶然的自我精神分析是有局限性的，对于整体的自我认识并没有多少帮助，就像前三个案例中表现出来的那样，因为自我省察并不是持续进行的。其实，无论是什么问题，一旦被认识清楚，就会自发地引出一个新问题。如果他们并没有获得这些提供给他们的线索，那么他们的自我省察必定仍然是孤立的。

当然，偶然的精神分析也是一种治疗方法，完全适用于情境神经症。对于轻度的神经症，它的疗效也不错。但是，对于更加复杂的神经症，使用这种方法就有些冒险了。它最多可以缓解某个零碎的精神症状，或者毫无针对性地证明某种精神紊乱的意义。

第七章

系统的自我精神分析

从表面上看，系统自我精神分析与偶然自我精神分析的区别就在于，前者需要频繁的分析，而且它具备特定障碍中的起始点。人们试图消除这种障碍，可是，偶然自我精神分析只会满足于单独的回答，而系统自我精神分析则会不断重复消除障碍的步骤。虽然以上说法没有形式主义上的错误，但无论如何都仍然没有找出本质上的区别。人们或许会经常分析自己，但如果这种分析并没有满足一定程度的要求，就会仍然停留在偶然自我精神分析的水平。

次数频繁是系统自我精神分析的一种显著因素，但也仅仅是一种因素而已。持续性才是更加关键的因素，要把问题探究到底。上一章中已经重点介绍了一些偶然自我精神分析的案例在这方面的缺陷。可是，单纯依靠谨慎的态度所得出的结果，以及为他们提供的详细指导工作，并不足以满足所有需求。而单纯依靠表面化和粗枝大叶的方式，则无法取得任何成效，可是前面那些案例中的主人公，只会对这样的结果感到满意。如果想要突破轻而易举的自我省察，接受更加深入的精神分析，那么就意味着要承受抗力，要面对各种令人反感的混乱和痛苦，要开始对抗这些负面力量。系统精神分析需要的态度与偶然精神分析所采取的态度不同。后者因明显的烦扰情绪而形成，目的是消除这些情绪。而前者虽然开始于相似的压力，但本质上的动力却是一种渴望认识自己的不懈愿望，一种渴望成长以及了解所有给成长带来阻碍的事物的愿望。这种方式需要对自己坦诚到残忍的地步，但只有让这种方式占据优势，才能顺利地认识自己。

当然，想坦诚是一回事，有能力坦诚又是另一回事。无论经过多少次，他都很难实现这种理想目标。如果他从来没有自我欺骗过，那么就根本无须进行精神分析。无论如何，这一事实多多少少能够针对上述结论给我们一些宽慰。而且，如果他能够凭借毅力，坚持不懈地进行精神分析，那么坦诚的能力就会越来越强。一旦障碍被克服，就意味着自身理解的范围得到了增强，而且，或许拥有了更加强大的内在力量，能够解决接下来要面对的问题。

当一个人进行自我分析的时候，他偶尔会感觉不知所措，以至于不知如何分析下去。虽然他对分析工作怀有真诚的态度，但或许仍然有些刻意。例如，他可能会下定决心从现在开始分析自己的所有梦境。但可惜的是，如果缺少关于梦境的系统而充足的知识，那么就很容易在这个过程中迷失。无论是谁，如果想要验证一下自己的解梦能力，但完全不了解此时此刻正在对自身产生影响力的因素，那么他就是在不顾输赢地拿自己的运气赌博。此时，解释也就变成了理性的推断，即使这个梦从表面上来看并不复杂。

即使对于一个简单的梦，也可以有很多种解释。例如，如果一位丈夫梦见自己的妻子去世了，那么这个梦有可能体现了潜意识中的一种强烈的敌视。另一种解释是，这有可能意味着他想和妻子离婚，如果他觉得这个愿望不可能实现，那么就只能让妻子去世了。在后一种情形中，这个梦所表达的关键就不再是敌视了。最终，它有可能是一种死亡冲动，其导火索只是一种被压抑的短暂的愤怒，这种愤怒可以通过梦境得到解释。这三种解释揭示了不同的问题。在第一种解释中，问题或许在于敌视及其抑制因素。在第二种解释中，问题或许在于他为什么没有找到更加合适的处理方式。在第三种解释中，问题或许在于引发愤怒的现实环境。

另一个案例是克莱尔在一段时间内曾经做过的一个梦。在那段时间里，她竭尽全力想要解决自己对男友彼得过于依赖的情况。她梦见另一个男人抱着她，向她表白。她也喜欢他，因此感到十分开心。彼得站在房间里看向窗外。这个梦有可能意味着克莱尔开始把感情从彼得身上转向另一个男人身上，这体现了一种相互冲突的感情。它也有可能意味着克莱尔希望彼得能够像梦中的那个男人一样对自己表白。此外，它还有可能意味着，克莱尔坚信如果爱上了另一个喜欢她的人，那么就能够消除她病态的依赖。在这种情况下，这是一种试图回避问题的真实处理方式。又或者，她只是表达了一种愿望，希望能够做出决定是否要离开彼得，但她根本无法做出这种决定，因为她已经把彼得当成了自己的依靠。

如果已经有了更多的理解，那么梦或许能够进一步证实某种假说。它或许可以弥补一个人在某个领域欠缺的知识，或者揭示出一个全新的出人意料的线索。但是，如果这个图像受到了抗力的迷惑，那么问题就不可能因为梦境而清晰起来。就算问题能够因此清晰起来，也有可能会和没有得到了解的态度混乱地纠缠在一起，让问题变得更加复杂，说不清道不明。

任何想要为他分析梦境的人都不会听从这些告诫。例如，约翰关于臭虫的梦能够在相当程度上帮助他认识自己的感情。只关注梦境反而会忽略其他作用相同的观察，这种失误很容易出现，应该尽量避免。此外，同样重要的是对负面特性的告诫。我们往往会产生一种强迫的兴趣——由于梦境过于夸张或荒诞，因此便以十分敷衍的态度对待梦境，这种方式忽略了梦的影响力，反而会使这种影响力发挥作用。所以，在下一章中，我们将探讨与克莱尔的自我分析相关的一个梦。其实，那个梦已经清楚地呈现出她的感情关系中存在的严重纷乱，但是，她仍然在忽视它。她之所以采取这种态度，是因为担心梦的含意会让自己动摇。这种情况是很正常的。

梦能够提供很多重要信息，但并不是每个梦都有用。由于我不想再赘述这些梦境，除了案例中的梦境，在这里，我将要稍微迂回一下，提出两个原则，记住这两个原则对我们很有帮助。首先，梦并没有给出确切的、稳定的感觉或者确定的形象，而主要是体现了一些倾向。确实如此，在梦中，我们见到的情景反而比清醒的时候更加清晰。在清醒的状态下，我们的真实感受就是喜欢、怨恨、猜疑或悲伤，而在无拘无束的梦境中，则有可能暴露出其他被压抑的感受。然而，就像弗洛伊德所说的那样，梦最关键的特点，就是被妄想控制着。这并非意味着这些妄想体现了有意识的愿望，或者直接体现了我们的需求。这种妄想或许并不存在于明显的内容中，而是存在于意图中。换句话说，梦境体现了我们的努力和需求，并且往往会描述出此时令我们感到困扰的冲突上的意图。它们所指向的并不是真实情况，而是感情因素。如果冲突的两个方面都非常强大，而且彼此矛盾剧烈，那么梦境就会是焦虑的。

因此，如果我们梦到了一个人，这个人在我们的意识中是一个令人讨厌或者可笑的人，但我们却因此而喜爱或者尊敬他，那么我们就应该找出让我们贬损此人的强迫式需求，而非把自己在梦中对此人深藏的观点作为结论。如果一位患者梦见自己变成了一座即将倒塌的危房，那么我们就要坚信，这或许体现了他的失望感，但最重要的还是他为什么要用这种方式呈现自己。这是否体现了一位失败主义者想要减少磨难的态度？这是他因为受到伤害而展现出来的报复性责难，以此来表达自己的感情，因为有些东西他本应尽早得到，可如今已经来不及了？

第二个原则是，如果我们想要了解一个梦，就必须把这个梦与现实中的刺激因素联系起来。例如，仅仅认识到一个梦中破坏名誉的倾向或者一般的报复性冲动是不够的。我们必须反复提出问题，直到找出这个梦的刺激因素。这个梦就是对这一刺激做出的反应。如果我们发现了这种联系，那么就可以了解到很多东西，甚至了解到确切的经历类型。这种经历意味着强迫或者羞辱，并且可以通过梦境引发很多潜意识反应。

比起片面地只专注于梦境，另一种自我精神分析的方式就真实多了，但这似乎又过于自以为是了。通常来说，一个人只有具备了这种意识，才会直面自己的刺激，即意识到自己的幸福或者能力正在受到某种明显的烦扰情绪的妨碍，这类烦扰情绪也许是再次出现的失落感、长期的劳累、慢性机能性便秘、普通的懦弱、失眠，以及因专注工作而受到的永久压抑等。他或许会从正面对抗这类烦扰，突然开始对某些事情进行攻击。换句话说，也许他并不是很清楚人格结构，但却想要尽力把握与他的境况有关的潜意识中的决定性因素，结果他能够想到的只是一些浅显的东西。例如，如果他的烦扰情绪源于工作上的压抑，那么他或许会自问：我是否有着过于强大的野心？我是否真的对自己的工作非常感兴趣？我是否压抑了自己对这项工作的厌恶感，把它视为了一种必须尽到的责任？他很快就犹豫起来，并且宣称精神分析没有一点作用。但在这里，错的是他自己，而不是精神分析。对于心理问题来说，突然的攻击并不是一种好办法，毫无准备的突然攻击不利于任何目标。这样做，或许忽略了此前受攻击范围内的所有观察。人们也许都想尝试这条不可行的捷径，因为人们普遍对于心理问题依然是相当无知的。有一类人具有很多十分复杂的矛盾倾向：奋斗、恐惧、抗拒、幻想等。

最终，他因为所有这些倾向而难以专注地工作。他坚信自己可以通过直接的行动来消除这种烦扰，就像关掉一盏灯那么简单！可以说，这种希望在相当程度上是建立在妄想之上的。他让自己相信他可以迅速消除这种让他产生担忧的无力感，更让自己相信这种明显的烦扰情绪之外的所有事情都没有任何异常。他不愿面对这样的事实：一个明显的障碍只是在单纯地暗示他，他在人际关系的问题上犯了根本性错误。

对他来说，最重要的事情就是消除明显的烦扰情绪。确实如此，他不应该装作无视烦扰情绪，也不应该试图将其赶出自己的思想。他应该将其保留在自己思想的隐秘区域，就像一处留到最后才被探索的地方。在发现自己真实障碍的本质之前，他必须对自己进行非常充分的了解。如果他对这些发现的意义有着足够的警觉，那么他就会通过积累相关的知识，逐渐搜集到这种烦扰情绪所包含的全部因素。

然而，从某种程度上来说，烦扰情绪是能够被直接察觉到的，因为通过观察种种烦扰的波动，是能够对其有所认识的。这些波动会逐渐稳定下来，其力量也会逐渐减弱。起初，他并不知道这些波动为什么会出现。他甚至坚信这种波动属于烦扰情绪的“本质”的一部分，而并非出于任何潜藏的原因。如果他可以进行十分细致的观察，他就会挖掘出那些帮助他创造良好环境或糟糕环境的零散要素。但凡他发现了一个被视为这种协助要素的本质的暗示，他的观察力就会变得更加强大，他的观察也会变得更加深入。这样一来，他就将逐渐得到一个相关情况下的普遍形象。

这些观察的调查关键是一个如此平凡的真理，即如果你打算进行自我分析，那么就不能只分析明显的事物。你应该牢牢把握全部时机，让你更加了解不熟悉的自己，甚至熟悉的自己。这种说法并不夸张，因为大多数人都对自己缺乏了解，他们需要花费很长时间才能逐渐认识到自己有多么的无知。如果你想了解整个纽约，那么就不可能只是观察帝国大厦。你需要去考察一下东部贫困人民的居住环境，在中央公园走一走，乘船在曼哈顿周围绕一圈，或者乘坐第五号街的公交车，这样一来，你就会了解到更多事情。如果你真心想要了解自己，那么你就会得到机会更好地认识自己。此时，你会诧异地发现，比如在这里，你无缘无故就被激怒了；在那里，你没有任何的决断力；在这里，你讨厌那些不应该被讨厌的事物；在这里，你莫名其妙地厌食；在那里，你却想要暴饮暴食；在这里，你无法做出反应；在那里，你独处的时候，突然开始害怕周围发出的声响；在这里，你感到恐惧；在那里，你觉得自己受到了伤害或者遭到了羞辱；在这里，你无法提出加薪的要求或者无法表达批评的观点。所有这些观察将你引向你所不熟悉的自己。你感到十分奇怪——在这里，同样是一切知识的开始——你通过自由联想来认识这些感情中混乱的含义。

观察、联想以及由此引发的疑问都属于原始资料。与每一种精神分析相同，它们也需要花费一些时间进行分析。在专业的精神分析中，分析的频率通常是一天一次或者隔天一次。这样的安排不仅方便，而且还有一定的内在意义。对轻度的神经症患者来说，这是很方便的事情，当他们感到苦恼时，如果想要探讨自身的障碍，就可以向精神分析师求助。然而，对于非常严重的神经症患者，如果只在必须接受治疗时才被劝说去向精神分析师求助，那么他很有可能会抗拒，无论何时，他总能找到足够的主观借口拒绝去看医生，也就是说，他身上随时都会形成“抗力”。这意味着他错过了自己确实最需要帮助以及最能展开建设性工作的时机。必须定期接受治疗的另一个原因是，治疗需要在一定程度上保持连续性，这恰恰是一切系统精神分析工作的本质。

总而言之，避免形成抗力以及需要保持连续性，是必须定期治疗的两个主要原因，这无疑也适用于自我精神分析。但是，在这里，我并不认为定期的观察必然能够实现这些目标。对每个人来说，向精神分析师履行约定比向自己履行约定更加容易，因为，就像在之前的案例中，这样的履行约定能够让患者产生更加浓厚的兴趣：他不想显得太失礼；他不想因为“抗力”浪费时间而招致责怪；他不想错过这段时间内有可能存在的价值；他不想让治疗费用打水漂。自我精神分析不会面临这些压力。很多表面上或者实际上不能耽搁的事情都会在时间上与精神分析发生冲突。

固定时间进行自我精神分析，由于内在因素——并且完全抛开抗力的因素——同样难以实现。一个人或许在午饭前的三十分钟空闲时间里突然想做自我分析，但却不想在提前规划好的上班前的时间里进行分析。或者白天他始终没空做自我分析，却在晚上散步的时候或者临睡前挖掘出了很有启发意义的联想。即使是与精神分析师约定时间的方式，也同样存在着这方面的缺陷。当患者产生强烈的冲动，想和精神分析师谈话的时候，却因为没到约定的时间而无法实现；而在约定的时间，即使谈话的意愿已经减少了，患者也必须去和精神分析师见面。由于外部原因几乎不可能消除这种危害，但又没有恰当的理由将其转向自我精神分析，而自我精神分析过程中绝对不会出现这些情景。

预约固定的时间对于自我精神分析来说还有一个缺陷，即精神分析会因此成为一种“责任”。这种强制性剥夺了精神分析的自觉性，然而自觉性恰恰是精神分析最重要、最不可或缺的因素。如果一个人在不想工作的时候强迫自己完成工作，而且他自己对此并没有意识，那么这件事并不会造成太大的危害。可是，强制的精神分析会因为疲惫感而难以进行下去，而且最终一无所获。专业的精神分析也有可能面临着同样的危险，但可以通过精神分析师对患者的兴趣，或者合作的乐趣来克服这种危险。但是，因固定时间的外部压力而引发的疲惫感却难以在自我精神分析中得到解决，甚至还会造成整体工作逐渐停滞下来。

对于精神分析来说，定期工作并不以其自身为目的，相反，其价值应该是维持分析的连续性以及预防抗力。如果患者仅仅出于遵守约定而坚持接受治疗，那么他的抗力就会始终存在。他接受治疗的目的只是在精神分析师的帮助下，认识正在发挥作用的因素。坚持遵守约定并不会起到任何保障作用，无法保证他不会遇到新的问题，无法保证他只是想要获得并不完整的自我省察。保证一般性的工作能够持续下去才是它的目的。在自我精神分析中，这些要求也是不可或缺的，我将在下一章中阐释它们是怎样借助一种有价值的方法得以实现。在这里，最重要的就是它们不会提前制订计划。从一定程度上来讲，如果一个人因为无准则的工作而逃避某个问题，那么他就会被这个问题牢牢地控制住。最理智的方法应该是，即使花费了时间，也随它去，直到患者自己觉得有必要对它进行跟踪。自我精神分析应该为我们提供帮助，而不是强迫我们取得成效。可以肯定的是，反对强制性计划的建议并不意味着事情很容易办到。在生活中，如果我们想要把友情变得有价值，那么就必须培养这种价值，就像培养友情本身那样。只要我们以小心谨慎的态度对待自我精神分析工作，就必定能够从中受益。

最终，即使一个人非常重视自我精神分析，认为它对自我发展有益，而非将其视为一种速效万能药，也不会对他从现在开始把这项工作一直持续下去的决定起到任何作用。其实，他将会在一段时间内严肃地对待一个问题，就像下一章中即将描述的情况。然而，自我精神分析中也存在着另一些阶段，一部分分析工作会在其中被隐藏起来。他还会观察一切明显的反应，尽量认识它们，进而延续自我理解的过程，只是会降低其强烈程度。他也许会对个人工作或团队协作产生浓厚的兴趣，他也许正在与外部压力做对抗，他也许专注于培养各种关系，他也许觉得心理障碍并没有给他带来多少烦恼。此时，比精神分析更加重要的是纯粹的生活过程，后者以自己的方式为他的治疗提供帮助。

和专业的精神分析一样，自我精神分析也是通过自由联想的方式。我在第四章中已经详细阐释过这种方式，在第九章中将会更加深入地阐释一些对自我精神分析具有特殊价值的方面。在接受精神分析师的治疗时，患者要说出自己想到的所有东西，而在自我分析时，他唯一能做的就是记录自己的联想——根据个人的喜好，要么记在心里，要么用笔写下来。在记录的时候，一些人变得更加全神贯注，而另一些人却发现自己此时反而更加难以专注。在第八章所举出的诸多案例中，那些联想的一部分环节被记在了纸上，还有一部分环节只是被记在心里，最后才记到了纸上。

可以肯定的是，记录联想是很有帮助的方式。如果大家养成了习惯，能够随时把所有联想简单地记录下来作为提醒，那么几乎每个人都会发现自己的思想与主题有着密切的联系。无论如何，脱离主题的胡思乱想都会得到更加细致的观察。这或许是因为，用笔记录能够避免思维跳跃或者想法偏离主题。但记录的最大好处就是，有助于人们今后进行回顾。通常来说，人们第一次阅读自己的记录时，往往不会注意到关系的含义，然而一旦详细地研究这些记录，就会注意到它们。他或者能够以全新的眼光看待以前的发现；或者意识到自己并没有明显的进步，如今的水平已经维持了好几个月。由于最后两个原因，简单的记录成为适当的工作，其中的主线会逐渐把话题引向目标，即使在未曾记录的情况下也有可能实现这一点。在记录的过程中，最大的困难不是文笔，而是让思想更加敏锐，这一点可以通过只记录提示语来弥补。

如果大部分工作都是通过记录展开的，那么就很容易混淆记录与日记，由于精神分析工作的某些特殊性，因此最好慎重进行这种对比。如果日记的内容并不仅仅是一些真实发生的事情，而是有关真实记录人的情感历程与动机的更加深入的企图，那么他本人就会从这个类似日记的记录中获得极大的启示。但是，这两者是极为不同的。日记最多只能坦诚地记录意识情感、思想和动机，其揭示性并不涉及记录者一无所知的经历，而是涉及别人不清楚的感情经历。在《忏悔录》中，卢梭曾经标榜自己非常坦诚地揭露了自己苦中作乐的经历，但他完全没有揭露那些连他本人都不知道的事实。他仅仅揭露了一些普通的秘密。而且，即使日记中存在着一丝对动机的探索，这种探索也只能得出种种几乎完全没有意义的推测。通常来讲，发现低于意识水平的问题的意图是不可能形成的。例如，在《一个男人的古怪生活》一书中，卡波特森坦诚地讲述了自己对妻子的愤怒和怨恨，但却没有提供能够作为可能因素的线索。我们并非要批判日记或自传。它们的确具有意义，但与自我探索存在着本质上的区别。没有人能够一边讲述自己的故事，一边进行自由联想。

还有另一个必须提及的二者在应用上的主要区别。一般来说，日记的重点对象是未来的读者，无论这位读者的身份是作家还是单纯的读者。这种对后人的关注必定会削弱原本的坦诚。此时，作者迫于无奈，只好对日记的内容加以修饰。他会有意或无意地删掉一部分事实，弱化自己的缺点，或者批判自己的其他方面，以此避免他人的揭露。当他记录自己的自由联想的时候，一旦注意到某个对他有钦慕之情的读者，或者产生了要创造出意义非凡的作品的想法，那么就会发生上文所提及的情况。此时，他有可能犯下任何私下破坏自由联想意义的错误。无论他在纸上记录了什么内容，都只是为了实现了解自己这一目标。

第八章

关于一种病态依赖的系统自我精神分析

无论多么细致地阐释认识自己的过程，都不可能表述得非常恰当。因此，我打算放弃对这一过程的详细探讨，而是举一个关于自我精神分析的普遍而详细的案例。这个案例的主人公是一个女人，她对男人有着病态的依赖，由于种种原因，这种现象普遍存在于文明社会中。

如果只把它当作一个普通女性的问题，也是很有意思的，但它的重要意义却并非仅限于女性范畴内。众所周知，下意识地依赖一个人，或者在更深层次的意义上无缘无故地依赖一个人，是很常见的情况。当我们面对生活各阶段所发生的各种依赖问题时，很多人往往会否认这种依赖的存在，并且美其名曰“喜欢”或者“忠诚”，就像克莱尔在接受分析治疗之初时所做的那样。由于我们的所有烦恼似乎都可以通过这种依赖轻易地消除，而且这种可能性极大，因此这种现象非常普遍。然而，如果我们想要变得成熟、强大、独立，那么这种依赖就会给我们造成严重的障碍。对于幸福的期望往往是虚幻的。因此，如果我们注重独立自主以及建立理想的人际关系，那么对一些依赖性的无意识纠缠进行探索就是非常有意义、非常有利的。更不用说自我精神分析了。

克莱尔始终亲自解决这种问题。她十分诚挚地允许我公开她的经历。关于她的基本情况以及分析的进展，我已经在前文中进行了总结和叙述，在此就无须赘述了，但在其他情形下，还是有必要介绍这些内容。

我们之所以选择这个案例报告，并非因为它所体现出的问题的内在重要性，或者我们对其涉及的人物有所了解，或者其中的精神分析非常成功、非常吸引人。毫无疑问，其原因就是这个报告具备它全部的漏洞和缺陷，十分清楚地展现了逐渐了解并处理一个问题的过程。而且，这个案例还非常明确地描述了这些漏洞和缺陷，为我们提供了大量的经验。我们几乎无须对这个过程进行特殊的解释，因为这个案例与所有其他神经症倾向的精神分析并没有本质上的区别。

这一报告并没有完全按照以往的形式发表。由于原报告几乎全部用流行语写成，因此，我们在保证详述原报告的同时，又必须对其进行删减。为了简洁一些，我删掉了完全重复的地方。而且，我只选择了与依赖问题有着直接且密切联系的部分。由于此前为解决这一关系中的障碍而进行的精神分析走进了死胡同，因此我把它全部删掉了。或许追踪这些无用的意图十分有趣，但没有必要为了扩充篇幅而加入大量其他要素。而且，我只是简单记录了与抗力阶段有关的情况，也就是说，我只是陈述了一下这一特定的精神分析过程中的全部重点。

做完总结性陈述后，我们就开始对精神分析的各个方面进行探讨。在探讨的过程中，我们的脑海里将会浮现出各种问题。例如，这一发现具有什么含义？此时，哪些因素是克莱尔没有弄懂的？她为什么会不懂？

克莱尔的自我精神分析进行了几个月，但没有取得多少成效，此后的一个星期日早上，她被一位作家惹怒了。这位作家没有按照约定及时给她编辑的杂志送来稿件。这是他第二次放她鸽子。这么不靠谱的人简直不可饶恕。

这件事发生后不久，她的愤怒就失衡了。对她来说，在清晨五点钟被叫醒并不是什么大事。由于只承认愤怒与宣称存在刺激这两者之间的区别，她找到了愤怒的真实根源。虽然这个真实根源同样是关于不靠谱的问题，但她的爱人才是更关键的原因。她的男朋友彼得因为重要的事情出了城，而且并没有按照约定及时赶回来。确切地说，他并没有给出明确的返回时间，只是说尽量赶在周六之前回来。她心想，他在所有事情上都是含含糊糊的。他经常先是给她希望，然后又摧毁这种希望。前一天晚上，她已经感觉到了这种对刺激失去反应的疲惫感，她认为，这是工作压力大的缘故，她肯定是因为失望才产生了疲惫感。由于她希望晚上能和彼得待在一起，于是就回绝了晚宴的邀请，而彼得没有及时回来，她就去看了电影。由于彼得总是无法提前定下时间，因此克莱尔对他们的约会从来没有过确定感，这最终导致她感觉很多晚上她都是独自度过的，就像她能够感受到的那样。此外，她的思想上始终有种不安的情绪：他真的愿意和她在一起吗？

只要想到这种情况，她就会同时回忆起两件事。一件事是几年前她的朋友艾琳讲给她的。有段时间，艾琳得了相当严重的肺炎，当时，她正和一个男人保持着火热而又有些悲惨的关系。等到她退烧后，她诧异地发现自己对那个男人失去兴趣了。她尝试维持这种关系，可是那个男人却没有更多的表示。另一件事是一本书中的一段情节，当时，身为少女的克莱尔把这段情节牢牢记在了心里。在这本书中，女主人公的第一任丈夫复员归来，希望妻子能够因为他的回来而感到高兴。但实际上，他们之间的矛盾已经淡化了彼此的感情。妻子在丈夫离家期间变了心，希望他永远都不要回来。对她来说，他已经像陌生人一样了。他非常专横，就像他渴望被爱那样，可这仅仅是因为他需要她，就好像她也同样需要他一样。但这些其实并不是她的真实感受，事实上，她只有愤怒的感觉。克莱尔不禁认识到，这两个联想或许暗示了她想要离开彼得，这个念头能够解释她当下的愤怒。然而，她试图辩解，认为自己深爱着彼得，绝不可能做出这种事。她在产生了这种念头之后再次进入了梦乡。

在得知激怒自己的人并不是那位作家，而是彼得的时候，她就为自己的愤怒找到了合理的解释。她关于那两个联想的解释也是完全正确的。然而，虽然正确，但其实并不深刻。她没有意识到自己内心对彼得的怨恨力量，只是不可避免地把这场爆发视为一种暂时的抱怨，于是，她非常愉快地打消了分手的念头。回忆过去的事情，结果非常清楚，当时她对彼得还不是非常依赖，因此有勇气承认自己的愤怒，想要离开他。但她完全没有发现自己的依赖心理。压抑了愤怒后，她的内心获得了表面上的平静，她觉得这是因为她对彼得的“爱”。这个案例非常好，它证明了此时放弃联想并不能比犹豫不决让人们获得更多东西这一事实。换句话说，他们在犹豫不决的状态中所说的话依然是比较明确的。

克莱尔反对自己的联想的含意这一基本抗力证明，她无法提出联想所暗示的一些问题。例如，非常关键的一点，即上文中提到的那两个联想，虽然通常来说，它代表了一种愿望的中断，但它同时还表现出了中断的一个非常特别的形式：在两个案例中，当男人非常依赖女人时，女人的感情就会逐渐消失。这只是克莱尔想象出来的一种痛苦关系的终结，就像我们即将在下文中描述的那样。然而，由于克莱尔十分依赖彼得，因此她绝不会主动提出分手。真正的恐惧感源于她有可能会失去他，即使有充分的证据可以推断出，当她牢牢地抓住他的时候，他真正需要的人并不是她，这让她倍感失落。她因此感受到强烈的苦闷，从而导致她花了很长时间才察觉到她是恐惧的这一单纯的事实。这种恐惧感是如此的强烈，甚至当她表现出害怕被抛弃的时候，她仍然拒绝面对即将失去彼得这一相当明确的事实。当联想中的女人处于能够抛弃男人的位置上时，克莱尔不禁流露出一种对自由的向往，以及一种报复的愿望，但她在思考这些已经发生改变的事情时，却把这两者深深隐藏起来，并且利用它们来证明自己尚未认识到的屈从。

她无法提出的另一个问题是，她为什么会一整晚都保持着对彼得的愤怒，直到这种愤怒进入她的意识。即便如此，她为什么会在一开始的时候隐藏真正的想法，把愤怒宣泄在作家身上，以此转移注意力？可以说，压抑愤怒是她给自己的另一个更加严重的打击，就像她真正意识到彼得长期不在她身边时，她内心的失望感一样。而且，在这种情形下，愤怒必定是一种条件反射，禁止自己为了任何人而愤怒，这不是她的性格。她经常对别人发泄怒火，并且认为自己的愤怒都源于那些鸡毛蒜皮的小事，这才是她的性格。然而，即使这件事十分正常，提出这个问题，本身就意味着第一次承认她和彼得之间的关系是不堪一击的，因此，她只好隐藏起哪怕丝毫改变，以免被人察觉。

克莱尔竭力把所有问题都从脑海中赶出去，然后重新躺下，很快就睡着了。她梦见自己生活在一座外国城市里，人们说着她听不懂的语言，她产生了一种强烈的迷路感。她把所有钱都装在一只皮箱子里，可是却在车站弄丢了它。然后，她走到了一个市场。市场周围满是奇怪的事物，有赌场，还有畸形人表演。她坐在一只旋转木马上，木马越转越快，她感到害怕，但是无法从木马上跳下来。很快，画面变成了她漂浮在海浪上，等清醒过来以后，她有一种醉酒般的放纵感和恐慌感。

梦境中的陌生城市让她回忆起自己年轻时的一段经历。当时，她完全不熟悉她所生活的城市。就像在梦中一样，她记不住自己居住的旅馆名称，而且还迷路了。她还回忆起，前一天晚上，她看完电影，走在回家路上时，也出现过类似迷路的感觉。

关于赌场和畸形人表演，她回忆起自己很久以前曾经思考过彼得违背诺言的问题。赌场往往就会许下虚假的诺言，人们总是会在那里上当受骗。而畸形人的表演则体现了她对彼得的愤怒——他就是个畸形的人。

这个梦最让她震惊的就是那种强烈的迷路感。但她立刻找理由来掩饰这种印象。她对自己说，她之所以会感到愤怒和迷路，仅仅是因为她把自己的沮丧感夸大了，无论如何，那个梦只不过是表现出了一种荒谬形式中的感受。

这个梦的确把克莱尔的问题抽象成了荒谬的词汇，但同时也如实体现了她情感的强烈度。即使它显然有着夸张的成分，在这一点上，她也不可能将其消除。如果它的确是夸张的，那么我们就应该对此进行调查：这种夸张究竟是由什么引起的？其实，它只是对触发情感的经历的适当反应，并不夸张，它的含义和强度比人们所理解的更深刻，是这样吗？这个经历证明了意识和潜意识在条理方面截然不同的含义，对吗？

根据克莱尔此后的发展推断，这个例子所探讨的就是最终的问题。其实，克莱尔确实有痛苦、迷茫和愤怒的感觉，这刚好符合那个梦境以及早期联想的暗示。当她仍然坚信这份亲密的爱情关系时，她难以接受这种理解。出于相同的原因，她没有重视梦中在车站弄丢装钱皮箱的那段情节。这段情节或许就是她对彼得的全部感情的缩影，车站代表彼得，并且暗指某些与安稳的家庭生活相对立的变幻无常、冷漠的事情。当克莱尔还没有费心于令人烦闷的论证时，她并没有注意到那个梦中其他伤害感情的因素。她对各种因素进行了简单的说明，并且感到十分满意，可是这种做法无论如何都绝不可能让她了解到比她已知的更多的东西。如果她进行了非常深刻的探索，那么她或许会了解这个梦的主旨：我感到孤独，无依无靠，不知所措；最让我失望的就是彼得；我的生活就像旋转木马那样不停打转，我无法摆脱，只能随波逐流，但这充满了危险。

然而，我们可以忽视与我们的感觉完全无关的思想，但绝不能随意忽视能够轻易触发情感的经历。无论克莱尔对自己的愤怒感与尤为强烈的迷路感有着多么明显错误的认识，这些感觉都极有可能盘旋在她的脑海中，并且对她此后的精神分析起到帮助作用。

在抗力的主题下，还需要保留可探讨的精神分析的其他部分。次日，克莱尔在进行自由联想的时候，回忆起另一个有关梦中的“外国城市”的事情。有一次，她在一座外国城市里迷了路，不知如何前往车站。她完全不懂这个国家的语言，问不了路，因此错过了火车。在想到这件事的时候，她觉得自己当时实在太蠢了。她完全可以去买张地图，或者随便找一家大型旅馆，向门卫打听一下。但她显然在问路方面过于懦弱和缺乏经验。她突然意识到，这种严重的懦弱其实刚好也推波助澜式地造成了她对彼得的失望。例如，她曾经劝说彼得去拜访一位在乡下居住的朋友，这样他就能好好休息一下，其实，她很希望他回来过周末，但她没有说出自己的想法。

她还回忆起很久远的一件事。小时候，她有一个玩具娃娃，她叫它米埃莉。她非常喜欢米埃莉，只是对它的假发有些不满意。她一直希望把米埃莉的廉价假发换成真头发，这样她就能给它梳头发、扎辫子了。她经常站在玩具店外面，看着橱窗里那些有真头发的娃娃。有一天，她妈妈慷慨地问她想不想要一个有真头发的娃娃——当然，她妈妈在物质上一向对她很慷慨。但克莱尔没有回答。她知道妈妈并不富裕，而有真头发的娃娃却十分昂贵。她始终不曾拥有过那种有真头发的娃娃，甚至直到如今，只要一回忆起这件事，她就激动得快要哭出来。

在分析治疗期间，虽然她非常想解决这个问题，但她很清楚，每当表达出自己的愿望时，她就会产生厌恶感，为此，她懊恼极了，但她同时也产生了十分强烈的解脱感。她终于可以用自己的懦弱来解释前几天的苦恼了。在和彼得相处时，她真的应该坦率一些，让他了解她的愿望。

克莱尔的解释证明，如果所使用的精神分析只有一部分是正确的，那么重点就有可能被遗漏掉，其中的问题也会被忽略。至于察觉到的处理方式是否真的行得通，则是解脱感本身无法予以证实的。在这里，解脱感源于这一事实：在重要问题上，克莱尔借助加速假解决的方式，获得了暂时的胜利。如果她并不是无意识地决定要找到一个能够轻易消除她苦闷情绪的出口，那么她或许会对联想更加重视。

这个回忆无法证明她是一个缺乏决断力的人。它十分清楚地体现了一种强迫，即她把自己对妈妈的需要放在了第一位，以免让她妈妈成为被憎恨的对象，即使这种憎恨只是一种朦胧的感觉。如今的问题也是如此。她显然过于害怕坦率地表达愿望，但这种压抑往往并非出于懦弱，而是出于潜意识。我所收集到的资料显示，彼得是个冷漠的人，在面对所有对他提出的要求时，都会显得非常敏感。当时，克莱尔对他的状况并不十分清楚，但她觉得自己不应该直接对他的日程提出要求，就像不应该主动提出结婚一样，即使她经常会出现结婚的想法。如果她请求他回来一起过周末，也许他会答应，但内心肯定会抱怨。然而，克莱尔难以承认这一事实，在逐渐真正地了解彼得身上的局限性之前，她绝不会做这种事。她很愿意关注自己的责任，以及她预感到的一些必定能够成功的事情。应该想到，以前的克莱尔使用的就是这种方法——为了维持艰难的关系，自己承担所有的错误。原先在和妈妈相处时，她使用的就是这种方法。

克莱尔觉得是自己的懦弱造成了那些苦恼，最终她不再坚持——至少是刻意地——憎恨彼得，并且希望与他再次见面。这件事发生在次日晚上。然而，她将要面对的是新的失望。彼得不仅没有按时回来，而且回来之后还显得十分疲惫，两人见面的时候，他没有一丁点儿高兴的样子，这让她感到非常无聊。他很快注意到她的冷淡表现，于是主动问她是不是很不高兴他周末没能赶回来。这显然是他的惯用伎俩。她淡淡地否认，并且竭力地把实话压在心里。她不能说出来，对于他那可怜的努力，她让自己不要再心怀怨恨。彼得责怪她像小孩子一样自私。克莱尔十分伤心。

克莱尔在晨报上读到一则船只失事的消息，这让她回忆起梦中的一段情节。她梦见自己漂浮在海浪上，快要淹死了，突然，一个健壮的男人出现在她面前，抱起她，救了她的命。和他在一起时，她的心灵有了依靠感，并且觉得自己会一直受到保护。他的臂膀会始终守护着她，他们永远都不会分开。第二个联想与一本小说有关，这本小说的结局与前文相似。一个女孩曾经被很多男人伤害过，最终，她遇到了一个可靠的男人，他待她忠诚，给了她足够的安全感。

当时，她联想到一个梦的片段，这时她意识到自己已经开始和布鲁斯交往了。这位老作家不仅帮助了她，而且委婉地表示可以辅导她。她梦见他们手牵手一起散步，他就像一位神仙或者半仙，她开心极了，还有些羞涩。这个男人给了她难以言说的恩情和保护。回忆起这个梦，克莱尔露出了笑容。她盲目地夸大了布鲁斯的光芒，直到后来才发现他其实是个心胸狭隘、刻板固执的人。

这些回忆让她产生了另一个联想，也可以说，这是一个普通的白日梦，她几乎已经忘记了，当她还在上学时，当她还没有迷上布鲁斯的时候，这个白日梦就已经起到了实际效用。这个白日梦是关于一个真正的男子汉的，他的才华、智慧、名望和财富都十分出色。他向她表白，但他觉得自己太丑，配不上她。他能够感受到她的巨大潜力。他知道，只要遇到合适的机会，她一定会在事业上取得出色的成就。他把全部时间和精力都用来帮助她发展事业。他并不只是用漂亮的衣服和房子来取悦她。他必定会引导她专注于事业，不仅让她成为一个真正的作家，而且修炼她的智慧和身体。如此一来，他就可以把她从丑小鸭改造成美丽的白天鹅。这是一种皮格梅隆式的幻想，根据一个女孩的想法来引导她的发展。她除了为自己做事以外，其他方面都要绝对服从于自己的主人。

对于这一系列的联想，克莱尔首先宣称它们体现了一种对永恒爱情的渴望。她解释说，每个女人都有这样的渴望。但无论如何，她没有否认这种渴望如今已经变得更加强烈了，因为彼得从来没有给过她安全感和永恒的爱情。

其实，克莱尔已经借助这些联想触碰到了事情的真相，只不过她没有意识到这一点。直到最后，她才开始注意到她所渴望的“爱”的特殊表现形式。而承认彼得并没有满足她的需求，才是这种说明最有意义的部分。这是偶然的显现，好像她一直都很清楚一样，但实际上，这是她第一次真正自觉地意识到自己对那种关系的所有强烈的怨恨。

似乎应该思考一下，这种突如其来的顿悟是不是前几天的精神分析导致的。当然，最近的两个失望也是这种结果中的重要因素。但克莱尔在意识到要进行这种自我省察之前，就已经产生了类似的失望感。在分析这个问题时，克莱尔刻意忽略了所有基础因素，却并没有降低前文中推断的准确度，因为这些失误并不影响以下两件事的发生：第一，让她有十分明显的迷路感的感情经历，这种感觉刚好与关于“外国城市”的梦境同时出现；第二，虽然她的联想并不包含清晰的意识点，依然在逐渐狭窄的范围内围绕着重点问题进行，并且呈现出一种透明度，通常来讲，这种透明度只会在患者即将进行自我省察的时候才会出现。也许我们会质疑，就像克莱尔在此期间所产生的思想和感情，是否有助于把某些重要的因素集中到问题的关键上，即使这些思想和感情依然停留在意识水平以下。这样的推断不仅源于有意识地直面其中的问题，而且还源于让每一步都符合这个目标的方向。

不管怎样，在接下来的阶段，当全面检查克莱尔提到的最后一些联想时，她更加详细地进行了描述。这些联想对她来说是一种伤害，在关于她落水后被一个男人救上来的联想中，那个男人的角色是救星。在关于小说的联想中，那个男人帮助女孩摆脱了屈辱。虽然布鲁斯和她想象中的那个真正的男子汉都没能帮她走出困境，但他们都在扮演着守护者的角色。当她不断地表达出解救、守护以及摆脱伤害的意思时，她意识到自己渴望获得的不仅是“爱”，而且还有守护。她还发现，彼得之所以对她来说很重要，是因为他愿意并且能够在她烦恼的时候安慰她、开导她。在这样的情形下，她联想到这一事实，她已经发现，她长期不具备任何防御力来应对攻击或威胁。在探讨关于她必须处于次要位置（从属位置）的情况时，我们就提到过这个问题。现在，她发现，这些问题其实源于她对守护的渴望。最终，她意识到，是生活的越发艰难，导致了她对爱和婚姻的越发渴望。

当克莱尔理解了对守护的需求是她感情生活中的一个本质要素，就意味着她有了很大的进步。这个需求显然不会伤害她，它所包含的要求的范畴以及它的作用在很久以后才会清晰起来。把关于这个问题的第一个顿悟与相关问题的最后一个顿悟——“独立信仰”——作对比，或许会很有意思。这一对比揭示了精神分析工作中的常见问题，这个问题首次出现在它暴露无遗的外形中。一个人只知道存在的事实，其他什么都不知道，然后又对相同的问题进行了更加深入的了解。既然后来发现的问题都是众所周知的，而非全新的问题，那么这个感觉就无法得到保证。它还没有被人认识，至少还没有被自发地认识，但已经形成了自己的表现形式。

虽然第一个顿悟在一定程度上并不深刻，但克莱尔依然从中获得了一个突然而至的最初的震撼。当她隐隐感觉自己渴望得到守护的时候，她还没有认识其本质，因此无法得出结论，宣称这就是她的问题中的一个本质要素。而且，她遗漏了关于那个真正男子汉的联想中的全部材料，这些材料表明，她希望自己喜欢的男人不仅能够守护她，而且能够承担更多的责任。

六周后，克莱尔带来了她的第二份报告。这段时间内，她的回想并不包含新的精神分析材料，但包含了一些简明扼要的自我观察。这些观察涉及她独处时的无所作为。无论哪个时期，她都刻意避免给自己安排独处的时间，因此她之前没有注意到这种压抑。现在，她发现自己会在独处时感到恐慌或疲惫。她可以通过种种方式享受乐趣，可一旦独自尝试，乐趣就消失了。即使是同样的工作，她在办公室里也会比在家里做得更好，因为办公室里有人陪着她。

在这一阶段，她不仅没有努力认识这些观察，而且也完全没有深入探索她的新发现。毕竟那个发现有着深远的意义，如果深入探索，难免会遭到失败的打击。如果我们把这些现象与克莱尔曾经呈现出来的对她和彼得之间关系的厌烦情绪联系起来思考，那么我们假设克莱尔通过自己的最新发现，更加深入地认识了她的依赖症状，这有助于她继续探索，而非停滞下来，甚至放弃精神分析。

她之所以会再次开始进行自我精神分析，主要是因为某天晚上，彼得的行为让她突然出现了强烈的情绪波动。彼得送给她一条非常漂亮的头巾，这让克莱尔喜出望外。可是，就在这时，克莱尔心里突然泛起了一种厌恶感和乏味感。这种被压抑的情感产生于她开始着手准备暑期计划之后。她很期待实施这个计划，可是彼得的表现却很冷漠。他解释说，自己无论如何都不喜欢提前安排行程。次日早上，克莱尔回忆起梦中的一个片段。她梦见一只颜色漂亮、动作优雅的大鸟，她看着它越飞越远，越来越小，直到完全消失。此时，她醒了过来，心中满是疑惑和失落。当完全清醒后，她想起了一句名言——“这只鸟已经离开了”。她马上意识到，这暗示着她担心彼得会离开她。后来，一些联想更加深入地证明了这种直觉：曾经有人把彼得比喻为永不安分的鸟；彼得相貌英俊，而且是一位十分优秀的舞蹈家；鸟具有一种虚幻的美；在关于布鲁斯的回想中，她为布鲁斯添加了很多他并不具备的优点；质疑彼得是否同样被她赞美过；从主日学校传来一阵歌声，歌词在祈祷耶稣庇佑他的孩子。

对彼得离开的担忧有两种表现形式：其一是那只飞走的鸟，其二是那个决心庇佑她却又抛弃她的鸟的想法。后者并不只是由那阵歌声体现出来，还由她完全清醒之前的失落感体现出来。关于耶稣庇佑他的孩子的象征再一次体现了寻求保护的意思。在此后更进一步的考察中，她意识到那个具有象征意义的宗教人物的出现绝对不是偶然的。

克莱尔没有深究关于自己赞美彼得的联想。但她意识到了这种可能性的存在，因此有必要继续重视这一事实。它或许已经为她做好了准备，以便她将来可以勇敢地审视彼得。

无论如何，她的解释的主旨——对彼得离开的担忧——不仅被认为似乎是一个由梦境得出的合理结论，而且好像是一种精确的、重要的深刻感觉。它是一种情感经历，而且是以理性的方式来了解十分重要的因素。显然，一些此前始终模糊的反应如今突然清晰起来。首先，前一天晚上，当彼得表示并不喜欢商量他们的假期计划时，她还没有完全失去希望。他的极度冷淡让克莱尔感觉他即将离开她，她因此感到恐慌。这种恐慌还导致她变得疲惫和冷漠，不再对刺激做出反应，并且做了那样的梦。还有其他很多类似的情景也变得清晰起来。各种事情源源不断地袭来，它们让她感到伤心、失望、愤怒，或是像前一晚的事情那样，让她感到明显的疲惫或沮丧，但其实它们并不具备正当理由。她意识到，不管有没有别的原因，所有这些反应都源于同一个原因：如果彼得没有及时赶到；如果彼得没有打来电话；如果对于彼得来说，其他事情比她更重要；如果他太孤僻；如果他表现得冷漠或愤怒；如果他对她失去了生理欲望——这些都是对被抛弃的担忧。而且，她很清楚，在和彼得交往的时候，她偶尔会大发雷霆，这种情况恰恰是源于对被抛弃的担忧，而并非源于琐事激发的矛盾；或者就像他在通常情况下对她的责难那样，源于她希望拥有自己的方式。无论是对一部电影有着不同的观点，还是因等待他而感到焦虑，这些都和她的愤怒完全无关，她只是害怕被他抛弃。相反，当他毫无预兆地送她礼物时，她喜出望外，因为收到礼物能够在相当程度上给她带来慰藉，骤然减弱她的担忧。

然后，她把这种对被抛弃的担忧与自己独处时的空虚感联系到一起，但最终并没有从中得出任何结论。她之所以会如此担心被抛弃，是因为不敢独自生活吗？或者，她觉得独自生活就意味着被抛弃？

精神分析的这一部分显然暴露了一个令人震惊的事实，即一个人或许丝毫不会察觉到担忧正在彻底消失。如今，克莱尔承认了自己的担忧，并且认识到了她和彼得的关系给她带来的烦恼，这意味着她确实有了进步。这一顿悟与之前她所说的她对守护的需求之间存在着两种关联。对于与担忧的全部关联，这两个发现证明了它已经被扩展到了哪种程度。尤其是，对被抛弃的担忧给对守护的需求带来了哪些巨大影响：如果她希望彼得能够在生活和危机等方面守护她，那么她必然无法承受彼得的离开给她带来的打击。

关于对被抛弃的担忧的本质，克莱尔仍然只是略知皮毛而已。她还没有意识到，她是把一种神经症的依赖当成了深沉的爱，因此她不可能明白依赖才是她担忧的根源。在这种情形下，她想起了一些十分模糊的问题，而且由于其中包含了太多未知要素，因此她必定无法正确评述这一事实。

当收到头巾的时候，克莱尔感到十分开心，她针对这件事进行了精神分析，从其自身来讲，这是正确的。可以肯定的是，由于彼得的这种友善行为能够暂时缓解她的担忧，因此她才会感到十分开心。她尚未仔细思考其中所包含的其他因素，想不到抗力才是其根源。她只察觉到了问题的特殊部分，也就是关于她当时正在研究的担忧问题的那一部分。

大约过了一个星期，克莱尔才意识到自己在收到礼物时的开心情绪所包含的其他因素。通常来讲，她看电影时不会感动到哭，可是当天晚上，当电影中那个命途多舛的女孩得到意外的帮助和友谊时，她流出了眼泪。她觉得自己的感情太脆弱了，还自我嘲笑了一番，可是眼泪仍然流个不停，最后，她觉得应该解释一下自己的行为。首先，她觉得自己可能是在潜意识中感到不快乐，所以才借助哭泣发泄出来。当然，她确实找出了不快乐的因素，可是沿着这种思绪深入联想，却没有得到任何收获。次日清晨，她突然想到了一个问题：当电影中的女孩陷入困境时，她并没有哭；可是当女孩的境况变好时，她却哭了。就这样，她意识到了此前忽略的问题——她经常会在这种情境中哭泣。

当时，她的联想和思绪是一致的。她回忆起自己儿时经常在幻想到灰姑娘突然收到仙女的礼物时流下泪来。因此，她在收到头巾时再次开心起来。第二个联想是关于她结婚时发生的一件事。每当圣诞节或者过生日的时候，她的丈夫通常都是按照惯例送给她一些普通的礼物，可是有一次，他要和一位非常重要的生意伙伴进城去，于是带上她一起。他们在造型师那里帮她挑选礼服，她在两件礼服之间犹豫不决，这时，她的丈夫大方地把两件都买了下来。虽然她知道他的表现不只是因为她，还是为了给那位生意伙伴留下好印象，但她依然感到十分开心，并且把这两件礼服当成宝贝。后来，她回想起那个关于真正男子汉的白日梦中的两个细节。其一是他提出想和她交往，这让她无比诧异。其二是关于他给予的一切——他提议的旅行、选择的酒店、带回家的睡衣、高级餐厅的款待，她详细地清点着这些，觉得自己再也不需要祈求什么了。

她的确感到无比震惊，简直就像被抓了现行的罪犯一样。她的“爱”居然是这样的。她回想起自己的一位朋友，那是她最知心的好友。他单身，宣称女人的爱都是为了得到男人暗中的保护。她又想到了一位名叫苏珊的朋友。苏珊认为，不停谈论关于爱的老旧话题实在令人厌烦，这让她感到非常震惊。苏珊说，爱是一种交易，只不过这种交易并不虚假，为了培养良好的感情，每个人都要在交易中承担起自己的义务。克莱尔对苏珊的这种态度感到十分震惊——她竟然如此固执而偏激地否定感情的实质和价值。但如今，她意识到，是自己错误地把爱想得太简单了。她原以为爱最重要的部分是希望，她期待可以收到摆放在银盘中的可感知却又无形的礼物。但实际上，她的爱与那些依赖他人生存的人没有区别。

这样的领悟无疑是她没有想到的，虽然她因此感到十分难过，但很快又放松下来。她确实感觉到，那些由她本人所导致的爱情关系中的困扰因素，已经被她完全消除了。

克莱尔因为自己的发现而感到极其开心，从而完全忽略了这一发现的起源——她在看电影时流下泪来。然而，次日，她重新回到了这个问题上。当得到了意料之外的满足感时，眼泪象征着思想上的情感混乱，这是最隐秘而强烈的愿望的满足，是她一辈子都在追求的满足，她从来不敢想象这些期待能够成为现实。

之后的几个星期，克莱尔再接再厉，从几个方面深入探索自己的领悟。她大致地检查了最后一系列联想，发现意料之外的帮助和礼物几乎是整个事情的关键部分，这个事实让她感到震惊。在她看来，至少在有关白日梦的最后的回想中，包含了这方面的一条线索，即她从来没有因为受到强迫而祈求什么。之前的精神分析工作让她走进了自己并不陌生的领域。由于她从前具有压抑自己愿望的倾向，而且对这些愿望的表现进行了一定程度的抑制，因此她急需得到帮助，或者有人可以猜出她的隐秘愿望并且满足她的这些愿望，而无须她本人付出任何努力。

而她所采取的另一种方式，则关系到与被动接纳的依赖态度完全相反的一面。她知道自己并没有付出多少。可以说，她希望彼得可以始终关注她的烦恼或喜好，但她自己却从来没有主动关注过彼得。她希望他感情丰富，并且对她深情，但她自己的感情却十分含蓄。她只是在期待着他的主动。

有一天，她又送来了自己的联想报告。其中记录了她那天晚上从开心到沮丧的情绪变化，她觉得，这或许是另一个原因导致的。这个原因或许包含在那个不再对刺激产生反应的疲惫中。她不相信这种疲惫仅仅源于已经引发的焦虑，或许还源于对因期望落空而产生的愤怒的压抑。果真如此的话，她的期望必定会混杂着一种坚持，因此绝不可能像她幻想的那样不会带来任何伤害。她把这个问题当作始终无解的问题，暂时搁置一旁。

这一阶段的精神分析对于她和彼得的关系起到了相当有效的直接作用。她改变了自己完全被动的态度，开始试图主动参与他感兴趣的事情，并且想要关心他。与此同时，她没有再出现突然大发雷霆的情况。当然，我们不能轻易下结论，认为她已经降低了对他的要求，但这些要求并不过分，所以接纳它们也是合情合理的。

这一次，克莱尔老老实实地正视自己的发现，没有再添加任何东西。虽然在六个星期以前，也就是关于真正男子汉的联想第一次出现时，她已经得到了相同的材料，但这一点依然有必要予以重视，因为其中依然包含了十分迫切的对坚持“爱”的幻想的需求，所以，她只是承认了自己的“爱”带有寻求保护的色彩，而对其他部分依然不知所措。或许她还会在那些承认的范畴内进行假设，仅仅是为了让那些对于保护的需求也成为她的“爱”的要素。然而，如前文中所述，与她的依赖有关的第一次冲击就是最早的那次顿悟，而第二次则是意识到自己的爱包含了多少担忧。第三次是她提到的问题，即使彼得的问题始终无解，是否也被她夸大了。她只有通过精神分析拨开迷雾，才有可能最终意识到，她的爱并不单纯。或许她至此才会理解自己的顿悟，明白了自己把过多的期待和要求当成了爱。但她并没有迈出最后一步，意识到期望所引发的依赖。否则，无论如何，这一段的精神分析都是抓住顿悟乘胜追击的好案例。克莱尔发现，她对别人的期待主要源于对自己的压抑，她压抑了自己对愿望的追求，甚至不为自己做任何事情。她意识到，她的依赖性把她的回报能力破坏殆尽。她把自己的倾向描述为，一旦希望遭到拒绝或是落空，她就会产生被冒犯的感觉。

克莱尔所期望的其实是那些无法触及的东西，从本质上来说，她并不是个贪婪的人，即使表面看起来并非如此。甚至可以说，礼物这种具体的东西只是一个不足挂齿的符号，对她来说，最重要的是期望。她只是想通过这样的方式得到守护，而不想去判断自己的愿望是否正确，这样，她就无须对自己负责，也无须说出外部的困难。

几个星期过去了，在这段时间里，她和彼得的关系整体来讲还算不错。他们最终一起制订了旅行计划。彼得犹豫了很久，最后为了让她高兴而改变了自己的想法。虽然所有事情都已经安排好了，但她依然满心期待着假期的到来。可是，就在他们即将出发的时候，彼得对她说，他的生意遇到了一点儿麻烦，他必须留下来，哪儿都去不了。克莱尔的情绪先是变得愤怒，然后又变得失望。彼得批评她太任性。可是，克莱尔竟然倾向于接受这种批评，并且竭力试图说服自己他是对的。平静下来以后，她提议先自己前往距离城里只有三四个小时路程的游乐场，只要彼得有空，随时可以过去陪她。彼得没有直接拒绝这个提议。他嘟囔了一番，说道，如果她的处事方式能够更加合乎情理，那他很愿意接受她的安排。可是，由于她一遇到失望的事情就会特别激动，而他又没办法保证自己的时间，他唯一能够提前预知的就是随时可能出现意外情况，因此，对她来说，制订一个把他排除在外的计划才是更合适的。彼得的话让克莱尔再次感到失望。直到他安慰她，并且保证假期的最后十天会陪着她，克莱尔才稍稍安心了一些。这种安心是因为她和彼得达成了一致，她觉得自己可以放松下来了，从他那里得到的一切令她感到满足。

次日，当她打算分析自己生气时的第一个反应时，她联想到了三件事。首先是她小时候因为长期扮演苦命的角色而备受嘲笑。她经常回忆起这件事，但是如今她开始从全新的角度看待此事。以前，她只是把遭到别人的嘲笑当作一件事实来看待，从来没有思考过这种嘲笑是否有道理。如今，她第一次意识到他们没有理由嘲笑她，可是他们不仅轻视她，而且羞辱她，甚至伤害她。

第二个联想关于她五六岁时发生的一件事。当时，她哥哥和朋友一起玩时经常带上她。有一天，他们对她说，他们打算去附近的一块草地上玩耍，那里有一个秘密洞穴，里面住着强盗。她坚信他们的话，当走近那块草地时，她吓得直哆嗦。有一天，他们嘲笑她，因为她上了他们的当。

她想起了关于外国城市的那个梦，其中的一个情景就是她看到了畸形人表演，还看到了赌场。如今，她意识到这些情景象征着她强烈的愤怒感。她第一次从彼得身上发现了一些虚假的、具有欺骗性的东西。这并不是说彼得总是故意欺骗她。可是，他经常情不自禁地表现出无懈可击、聪明宽容的样子，这就是他的缺点。他躲藏在这种形象背后，他之所以会许诺满足她的愿望，仅仅是因为他的懦弱，而不是因为爱和慷慨。后来，他再次用非常圆滑而又冷酷的态度对待与她的关系。

至此，她才明白，她之所以会在前一天晚上如此激动，并非因为大失所望，而是因为彼得用冷酷、轻视的态度对待她的感情。当说出自己无法去旅行时，他的语气相当冷漠，没有丝毫的歉意或同情。这件事发生在当天很晚的时候，直到她伤心了，他才做出有感情的举动。当时，他让她承受着沉重的痛苦，让她觉得一切错误都是她造成的。他的做法就像她的妈妈和哥哥在她儿时的做法一样：先是打击她的情感，然后把错误归咎于她。顺便提一句，有意思的是，由于她已经振作起来，打算采取反抗行动，因此我们发现了一个细节的含义逐渐清晰起来。通过逐一描述以往的经历，她能够更加坦然地面对关于礼物的问题了。

此后，克莱尔联想到了很多事情。彼得曾经许下各种诺言，有些是委婉地说出来的，有些是明确地说出来的，但他一个都没有兑现。而且，她意识到，彼得把这种态度以更为潜移默化、捉摸不定的形式呈现出来。她发现，彼得已经给她留下了一种深刻而又永恒的爱的幻象，然而，不妙的是，他依然与她保持着距离。他似乎只是用爱的想法作为他们之间的联结。她就像在那个关于强盗的事情中一样受到了欺骗。

最终，克莱尔回忆起那个早期的梦境之前她所联想到的事情：关于她的朋友艾琳，当她生病时，她的爱意逐渐消失了；关于那本小说，女主人公觉得自己已经对丈夫没有感情了。如今，她意识到，这些联想比她的设想具有更加重要的含义。联系到自身，她意识到自己应该努力放弃彼得。虽然这样的领悟并不令她愉快，但她还是有一种解脱感，如同打破了一个魔咒。

在探查自己的领悟时，克莱尔感到十分诧异：她为什么会花费那么多的时间才把彼得看清？一旦看透了他的这些特征，她就觉得它们简直明显得难以忽略。她认识到，当自己还没有意识到它们时，她对彼得有着浓厚的兴趣，他似乎可以满足她关于真正男子汉的白日梦，没有什么能够阻止她的感情。同时，她第一次以相似的方式见到了自己所崇拜的英雄人物的高大形象。第一个拥有这种形象的人是她的妈妈，她曾经把妈妈当作偶像。然后是布鲁斯，他是一个典型，在很多方面都和彼得很像。此外，还有那个白日梦中的男人以及其他很多人。如今，那个关于鸟的梦的含义已经逐渐清晰起来，那是她美化彼得的象征。她始终期待着过于遥远的目标，那种不切实际的追求如同要拉着板车去往外星球。而如今，那些星球都已被证实仅仅是烛光而已。

在这里，占据主导地位的观点是：克莱尔的这个发现根本不算是发现。难道很久以前她并没有意识到彼得经常是只说不做吗？没错，她早在几个月以前就发现了这一点。可是她没有在意，也没有去评估彼得有多么的不可靠。当时，她只关注自己所表现出来的对他的愤怒。如今，它已经成为一个具体明确的观点和判断。而且，当时她并没有意识到他只是在用慷慨、正直的外表伪装自己。当然，只要她还盲目地指望着他来实现自己的全部需求，她就绝不可能认识到他的真实面目。她意识到自己的期待是不现实的，她很愿意把公平交换作为她和彼得关系的基础，这样的领悟让她稍稍坚强了一些，进而让她如今能够勇敢地面对他的缺点，并且有了勇气去推翻这种关系。

在克莱尔的整个精神分析过程中，从她所收集的关于彼得的材料来看，我断定她对彼得个性的分析基本正确。但还有一个关键点，她没有察觉到：无论出于什么原因，彼得必定会背叛她。当然，他在爱情方面表现出来的完美形象必定会影响她的判断。另一方面，这个解释不够充分，因为它没有处理好两个问题：其一，她尽力想让他的印象清晰起来，但为什么没有任何进展？其二，虽然没有实际行动，但她已经幻想到与彼得分手是令人满意的结果，可她为什么还要闭目塞听，不去面对彼得有可能背叛她这一事实？

在很短的一段时间内，这个遗留问题始终压抑着克莱尔想要离开彼得的念头。一旦有了他的陪伴，她就立刻败下阵来，这让她十分不悦。她仍然难以忍受寂寞，因此继续维持这种关系。她一味地屈从于他，几乎不再对他抱有期待，但依然把他当作生活的中心。

三个星期以后，她喊着玛格丽特·布鲁斯的名字从梦中醒来。她并不确定自己是否梦到了玛格丽特，但她很快就意识到了其中的含意。她的朋友玛格丽特已经结婚了，距离她们最后一次见面已经过去了很多年。玛格丽特是个可怜的女人，她非常依赖自己的丈夫，而且丝毫不在意他对她的冷酷蔑视。她丈夫不仅蔑视她，还公然嘲讽她。他多次出轨，甚至把那些女人带回家。有一段时间，玛格丽特非常绝望，经常向克莱尔倾诉痛苦。可是，她依然顺从，坚信他终会浪子回头。克莱尔早就开始怀疑这种依赖，非常瞧不起玛格丽特这种低自尊的做法。然而，既然玛格丽特那么爱他，似乎也只能采取这种态度了。如今，克莱尔觉得她太傻了！她原本应该鼓励玛格丽特离开她丈夫。

可是，她并不是因为从前对待朋友的态度问题而感到困扰。她只是震惊于自己的情况居然和玛格丽特如此相似，这让她吓了一跳，从梦中惊醒。此前，她从没思考过自己的依赖，然而这次的惊吓让她清楚地意识到自己也身处同样的困境之中。她迷恋一个男人，并因此失去了自尊，可是这个男人并没有真心爱她，她开始怀疑他的价值。她认识到，在自己和彼得的关系中存在着一股强大的力量，这股力量把她束缚在被操纵的位置上，一旦失去了他，她的生活就会没了意义，变得无法想象。他比人际关系、音乐、事业、前途、生理欲望等一切事物都重要，她的心情全由他来决定。她花费了大量的时间和精力来分析他的心思。无论他的行为是否让她感到不满，她都会回到他身边，就像人们所说的猫终究会回家一样。此后的很多天，她始终处于迷茫之中。这个领悟不仅没有消除痛苦，反而让痛苦变得更加强烈。

尽力平复心情后，她开始研究自己的发现中贯穿始终的明确含意。关于对被抛弃的担忧，她领悟到了更深层次的意义：她所面临的是一种本质上的束缚，她非常害怕分手，只要她还在依赖，这种担忧就会一直控制着她。她意识到自己不仅把妈妈、布鲁斯以及自己的丈夫当作偶像来崇拜，而且相当依赖他们，就像她相当依赖彼得一样。她意识到，与分手相比，失去自尊没什么大不了的，因此她永远不会期待得到任何郑重的尊严。然后，她认识到自己的依赖同样给彼得带来了危险和压力，这种领悟十分有助于迅速消除她对彼得的敌意。

她认识到这种依赖伤害了她和大家的关系，于是，她开始明确地反对依赖性。这一次，她甚至没有决定去解决分手会导致的问题。首先，她清楚自己很难离开彼得，而且，她觉得自己已经知道应该怎样处理他们之间的关系了。她让自己坚信他们的关系中依然存在着某些有意义的东西，它们值得她去维系和培养。她觉得这段关系完全可以具备更加正常的基础。就这样，在接下来的一个月内，她不仅持续进行精神分析，而且采取了实际行动，尽力满足彼得在时间方面的需求，并且更加独立而合理地安排自己的事情。

在这一阶段的精神分析中，克莱尔的确取得了很大的进步。她独立地挖掘出了另一种神经症倾向——第一种是强迫式谨慎——这种倾向对于存在着的事物来说是切实可信的。她已经认识到了自己强迫的性格及其对她感情生活的伤害。但直到如今，她仍然不了解它的可怕力量，不清楚它通常是如何束缚她的生活的。因此，她实际获得的自由并没有她想象的那么多。在这里，她受到了自我欺骗的控制，以为只要认识到了问题，就等于解决了这个问题。其实，这种解决方式对于她的感情关系来说只是一种妥协。她很想把这种倾向限制在一定的范畴内，无论她对彼得有了多么清楚的认识，这种限制性的大小和执着程度都远超她所坚信的，如同她很快就要见识到的那样。而且，她低估了自己对分手的渴望，她曾经发现了这种渴望，但她试图通过改变自己的态度来挽回这段感情。

几个星期以后，她听说有人在散布关于她的负面谣言。她很清楚这并不会打乱她的计划，可是她做了一个梦，梦见了一片漫无边际的沙漠，里面有一座铁路信号所。这座信号所旁边是一个简易月台，周围没有任何栏杆扶手，有一个人正站在信号所的边缘。她醒过来的时候感觉到一丝焦虑。

那片沙漠让她感到有些寂寥、有些危险。她由此联想到一个恐怖的梦，在梦里，她走在一座中间塌陷的桥上。对她来说，信号所边缘的那个人只是孤独的象征，其实，她已经感受到了这种孤独，因为最近的几个星期，彼得一直没有回来。这时，她想起了一句格言：“两个人在荒岛上。”由此，她产生了少有的幻想——和深爱的男人一起生活在山里或者海边的陋室中。如此看来，她的第一个梦象征的是她对彼得的期望，以及如果他们分手，她会感受到的孤独。由于前一天收到的消息，她也意识到自己的这种感觉变得更加强烈了，换句话说，她意识到自己肯定会被那些谣言困扰，并且更加需要保护。

当仔细审视自己的联想过程时，她有了一种非常奇怪的感觉：她为什么完全没有关注梦中的那座信号所？她突然联想到一幅画面，她独自站在沼泽中央的一根柱子旁，沼泽里伸出很多魔爪，试图抓住她，似乎想把她拖进沼泽。这个联想只有这一幅画面。她始终没有对其进行深究，只是窥见它最明显的含义：因为担心被拖入肮脏的事物中而感到恐慌。那些谣言再次激发了这种恐慌。然而，她又联想到了这种情形的另一面，也就是让自己居于他人之上的一面。那个关于信号所的梦就体现了这一点。梦里的世界一片凄凉，然而她居于其上，任何危险都不会威胁到她。

于是，她这样理解这个梦的象征意义：那些谣言让她感到十分委屈，而且，为了得到保护，她还要摆出一副高傲的姿态。她站在一座孤零零的高台上，吓得直发抖。这地方太危险了，她急需得到帮助。但是她找不到可以依赖的人，这让她感到恐惧。这时，她猛然意识到了这一发现的更关键的含意。在此之前，她只知道自己缺乏反抗和分析决断的能力，需要得到别人的帮助和保护。但是这一刻，她领悟到，她有时会滑向另一个极端，让自己变得高傲。面对这种情形，她需要一个守护者，就像她在自卑的时候所感受到的那样。她觉得自己已经看到了一个让她依附于彼得的新原因，所以，也会有新的方式来消除这种依附，这让她产生了强烈的解脱感。

事实上，关于自己为什么急需情感支撑，克莱尔已经通过这一解释察觉到了另一个原因。对于这方面的问题，她始终没有找到合理的原因。她仍然竭力压抑着自己的整体个性，这种个性是由高傲、轻视他人、居于他人之上、需要超越他人等元素构成，直到如今，它只能经由直觉而被发现。甚至在她开始进行精神分析之前，她已经在无意间了解到了自己对别人的轻蔑态度，而且任何成功都会让她自鸣得意，她希望自己能够成为她理想中的形象。这种领悟转瞬即逝，与当时的其他领悟完全一样。可是，这个问题依然被深深地埋藏起来，因此它的表现几乎无法得到理解。它如同一支明亮的箭射向深渊，很快就被吞没在黑暗之中。如此一来，也就无法看到其中的一系列关联。关于沙漠的梦不仅体现了她在爱情关系中的寂寞感，而且体现了她日常所有的孤独，可见这种孤独有多么的强烈。独特的高傲态度不仅能够可靠地应对这种情况，而且也是这种情况所导致的后果。除了必须解决一般的人际关系以外，让自己从属于另一个人，就像“两个人在荒岛上”这句话一样，可以让她免于孤独。

如今，克莱尔觉得自己已经可以用一种更好的方式来面对彼得了。可是，她很快就受到了双重打击，这让她的问题变得前所未有的严重。一个打击是她间接地听说了彼得正在和另一个女人建立暧昧关系，有可能已经出轨了。当她收到了彼得的来信，看到他说分手对彼此都有好处的时候，她才慢慢地接受了这个打击。她的第一个反应是感谢上帝，因为这种事情直到现在才发生，如果早一点儿发生，她恐怕无法接受。

这第一个反应是事实和自我欺骗的混合体。它的现实情况就是，几个月前，她还无法承受这种打击带来的压力，当然，那时她也没有受到严重的伤害。这几个月内，她发生了改变，她从中意识到自己已经可以接受这种压力，而且距离解决整个问题更加接近了。然而，她之所以会有这种反应，显然是因为她并没有让自己的防御被击溃。如果这层防御真的被击溃了，那么她在接下来的几天里必定会感到无比沮丧和混乱。

当分析自己的反应时，她的情绪变得十分焦躁，这是可以理解的。人们在遇到火灾时，第一反应就是赶紧逃跑，而不是详细调查起火的原因和后果。两个星期过去后，有那么几天，克莱尔始终有想要自杀的念头，即使她并没有更进一步的表现。她立刻注意到这一反应，她只是在这个念头周围徘徊，其实并不知道自己是否真的想死，但此时她毅然决然地质问自己这个问题。她的确并不想死。如果她真的想死，她就必须以失败者的身份浇灭自己对彼得的热忱，消除失去他以后自己会过得无比混乱这种想法，并且解决掉自己强迫式依赖倾向的本质。

一旦她对这种清晰的结果有了印象，一种意料之外的激烈搏斗就会由此形成。也只有在此时，她才会感觉到自己对与另一个人结合的渴望依然如此强烈。她再也不会做这种蠢事了，也许“爱”

就是这样——她发现这就像吸毒的人犯了毒瘾一样。她清楚地认识到，对于依赖问题，只有两个应对方法：另寻“同伴”，或者将依赖彻底击败。可是，她能击败它吗？如果完全失去了依赖性，生活还有意义吗？她歇斯底里地试图说服自己：毕竟生活中还有很多美好的东西。她的家庭不够美满吗？她对自己的工作不满意吗？她缺少朋友吗？她无法享受音乐和大自然吗？她并没有分析这些。这一切让她兴味索然，就像中断了一场音乐会一样。其实，中断也没什么大不了的——大家会按照自己的意愿来安排时间，直到音乐再次响起——但没有人会对中断本身感兴趣。这种推断并不适用于克莱尔当下面对的情况，因此这种想法只是让她暂时震惊了一下。此时，占据主导地位的感觉是：她没有能力做出任何真正的改变。

最终，她有了一个念头。虽然这个念头很幼稚，但依然让她看到了希望。那是一句古老的格言——反复宣称“我不能”就相当于“我不想”。或许，克莱尔只是不想建立新的生活。她可能会主动表示不希望生活中的其他任何事情发生变化，就像一个吃不到苹果派的孩子不想吃其他任何东西一样。既然她已经认识到了自己的依赖性，那么她就会明白，在仅存的关系中，自己完全被束缚住了，这剥夺了她的精力，让她无法为别人做些什么。现在，她意识到，这样反而比单纯地以兴趣为基础更好。她否定了她为自己做的事情，也否定了其他人为她做的事情，把这一切的价值看得很低，只有自己“深爱”的人除外。这样一来，她第一次逐渐认识到自己是怎样在整体上有了深刻的感悟：她刻意否定了那仅有的关系以外的一切事物的真正价值，这必然会导致关系中的另一半成了最重要的人。而从更广泛的意义上来讲，她的其他人际关系并没有获得这仅有的重要之人的支持。最终，这个逐渐清晰起来的领悟被证明是完全正确的，她先是因此感到诧异，随后便得到了激励。如果说，那些让她难以摆脱束缚的因素已经影响到了她，或许她还可以做点儿什么来改变这种束缚。

这一阶段结束时，克莱尔如重生一般充满了希望，并且再次振作起来。可是，虽然她已经解决了问题，但很多新问题却随之出现了，这让她感到十分混乱。如果彼得的离开仍然会让她十分烦躁，那么她就还是在重蹈覆辙，此前的精神分析也就失去了意义。与此相关的问题有两个。

第一个问题是此前的精神分析工作的缺陷。克莱尔已经证实了这个问题，她有强迫性依赖的倾向，而且已经了解到了这种状况的某些含义。可是，要想真正解决这个问题，她还有很长一段路要走。如果一个人开始怀疑已完成的工作的价值，那么他必定会犯下错误。对克莱尔来说，这种错误与她在认识达到制高点之前的整个过程中犯下的错误完全一样，直到弄清楚特殊神经症倾向的含意，才能期待可以立刻轻易地取得成果。

第二个问题是从整体来看，最终的质变才具有建设性意义。这种质变是整个进程的顶点，而起点则是对其中问题的完全无知。从潜意识中试图否认它的存在，发展到最后，变成了完全认可它有多么的严重。达到顶点后，她才认识到自己的依赖就像毒瘤一样，无法维持在安全的范畴内（妥协），只有将其彻底铲除，才能避免威胁到所有人。克莱尔在强烈的痛苦中，也敏锐地发现了此前从未发现的可感知的病灶，并且成功地在其中展开了冲突。她完全没有意识到，应该斩断依赖和应该维持依赖之间已经没有了关系。此前，这两者之间的矛盾始终隐藏在她对彼得的妥协中。如今，她已经可以直面这个问题了，她或许会采取一种明确的态度来对待她所关注的部分。现在，对于她所关注的部分，她通过举例的方式来证实上一章中讲到的一个事实，在精神分析的某个阶段采取某种态度来做出决定是十分必要的。如果精神分析能够让矛盾凸显出来，那么就应该把完成这件事当作患者的一种收获。当然，在克莱尔的案例中，关键问题在于，当失去了依赖对象后，她是否竭力用新的依赖对象来填补空白。

当遇到问题时，采取妥协的方式无疑令人烦闷。这里出现了另一个问题。克莱尔曾经有过自杀的念头，这是非常危险的，如果没有接受精神分析，其危险程度会不会降低一些？为了探讨这个问题，我们必须关注她曾经有过的自杀念头。不管怎样，以前她绝不可能像这次一样立马打消自杀的念头，而是借助一些“令人欣慰”的事情来掩盖这些念头。而这一次，她采取了积极主动的方式，自发地用建设性力量战胜了它们。而且，如前文所述，她之所以会有第一个反应——感谢上帝没有让彼得更早地离开她，是因为她真心觉得如今自己已经不会再被这件事击溃了。因此，可以说，如果没有接受精神分析，她的自杀念头将会更加强烈、更加持久。

最后一个问题，当彼得还没有离开，克莱尔还没有遭受这一外部压力时，她是否意识到了自己混乱的严重性？克莱尔已经经历了分手之前的发展过程，因此，她绝不可能停止使用不牢靠的妥协方法，但可以想象，她终究是要停止使用这种方法的。另一方面，走向最终解脱的过程中，压力会激发巨大的抗力，这样一来，她就越发可能在一定的时间内不断做出更多的妥协。抛开精神分析的态度来看，这些都是无效的空话，可以说根本不重要，而从精神分析的角度来看，这是精神分析师和患者经常会有的观点。认为精神分析能够解决一切问题只是假想出来的一种态度。可是，当人们使用这种万能手段进行治疗的时候，却忘了生活本身才是最好的医生。精神分析要做的，就是让人们接受生活中的帮助，并且从中受益。克莱尔的案例中已经明确地做到了这一点。如果她没有进行精神分析，那么她或许就会竭尽所能地去寻找新的伙伴，重复相同的经历模式。关键问题是，如果没有外部援助，她是否可以让自己免受束缚，而当有了外部援助，她是否可以让自己拥有建设性经历。她恰好就是这样做的。

在这一阶段中，克莱尔最重要的发现就是意识到她曾经主动否定自己的生活——拒绝体会自己的感受，拒绝考虑自己的想法，拒绝拥有自己的兴趣，拒绝为自己做出安排，总之，她拒绝做自己，拒绝建立自己的重心。这一发现是一种情感上的领悟，与她的其他发现完全不同。她并不是通过自由联想的方式来实现这一点的，因此也没有什么证据能够对其进行证明。她只是发现了这些否定因素的存在，但对于其本质却没有任何细微感受。回想过去的事情，我们就能够清楚她几乎无法再接近那个目标的原因。她的情况类似于被卫国抗敌的需求驱动着的人，要为自己的整个生活建立新的基础。克莱尔必须改变她对自己的根本看法，改变她的人际关系。这个目标相当复杂，必定会让她十分困惑。然而，对于依赖问题，无论她多么坚决地想要解决它，潜意识中的巨大阻力依然是这个心理障碍的首要原因。与这个解决的结果相同，她也徘徊于两种对待生活的方式之间——既没有下定决心摆脱从前的生活，也没有下定决心建立新的生活。

此后的几个星期里，她经历了一连串的感情波动、起伏和徘徊。她经常拿不定主意，一方面，与彼得交往的经历以及由此带来的所有痛苦，与她早期的经历和痛苦的关键点完全相同，它们不断地显现出来；另一方面，她又非常希望能够让彼得回到她身边。当时，她感觉自己似乎具有一种冷漠无情且难以捉摸的态度。

一段时间后的某一天，她独自从音乐厅回到家中，她觉得没有人比她的状况更糟糕了。但她依然坚称别人也同样孤独。虽然的确如此，但别人只是喜欢独处罢了。那些身世不幸的人也的确更加悲惨，但他们能够在福利院里得到关爱。那些失业的人也的确情况相当糟糕，但他们至少还有婚姻。她突然发现自己的这个想法非常可笑。其实，并非每个失业的人都能够拥有幸福的婚姻，即使拥有，也不可能单靠婚姻来解决所有问题。她承认有一个诱因在引导她说服自己夸大痛苦。当消除了这个诱因后，她顿时放松下来。

当她分析这件事的时候，她又回想起了从主日学校传来的优美歌声，但她怎么都想不起来这首歌的歌词。接下来是她突发阑尾炎，不得不接受手术的事情。然后是圣诞节那天公布的“最穷困的状况”。然后是一幅关于冰川大裂谷的巨大图像。然后是一部电影中关于冰川的画面，掉入冰川裂谷中的人最终获救了。接着，是她八岁左右经历的一件事，她躺在床上放声大叫，但是妈妈并没有注意到她，当时的状态实在令人难以想象。她忘了此前她是否与妈妈发生了争吵，但她在所有回忆中都坚信妈妈一定会被她的痛苦打动。可实际上，妈妈始终没有管她，她就这样睡着了。

很快，她的脑海中就浮现出了那首歌的歌词。歌词中说道，无论我们承受着怎样的痛苦，只要向上帝祷告，就能得到他的救赎。她突然意识到连接她的其他联想以及在其中夸大苦难的关键因素：她觉得烦恼越严重，就越容易得到帮助。这个潜意识中的信念让她变得越来越痛苦。她不止一次地这样做，简直太愚蠢了。当她躺在床上放声大叫时，她确实是想达到这个目的，顺便说一句，如今她已经不再这样做了。她回想起一些情景，当时，她感觉自己深受羞辱，只是过了一段时间她才意识到，其实她让事情变得更糟了。当她深陷如此糟糕的状况中时，那些苦难的原因甚至给她一种真实的感觉。每当遇到这种情况，她总会给彼得打电话，彼得通常也会可怜她，帮助她。从这个角度来看，他确实是她可以依靠的人。面对这种状况，也只有他比较不会令她失望。或许这是一种比她已经认识到的束缚更加重要的束缚。然而在有些时候，从表面上来看，彼得并没有真的让她变得悲惨，因此，她的表现遭到了彼得的嘲笑，就像她儿时遭到妈妈和哥哥的嘲笑一样。这种时候，她就会有严重的受辱感，因而对他大发雷霆。

的确，夸大苦难并且渴望得到帮助、安慰和鼓励，这是她不断重复的行为模式，这种行为模式已经变得清晰起来。她向妈妈求助，向上帝求助，向布鲁斯求助，向丈夫求助，向彼得求助。她扮演着长期遭受苦难的角色，求助成了她的本能，在任何事情上都是如此。

这样一来，克莱尔就更加愿意承认她的依赖性的另一个关键因素了。大约过了一天，她开始根据两件事来反驳自己的发现。首先是一件非常平常的事情——她在面临困境时渴望得到一位朋友的友情。友情的意义是什么？当你非常幸福、非常满足的时候，所有人都会友好地对待你，可是，当你伤心难过的时候，你只能依靠朋友。其次，一个令人疑惑的问题同样证明了她的发现无法成立，她相信这个发现无法适用于那天晚上的遭遇。她的确夸大了自己所遭受的苦难，但她只能给彼得打电话，而无法对其他人倾诉。她绝不可能不理智到坚信只有遭受人间最大的苦难才能获得帮助的地步。如果有其他人给她打电话，或者邀请她出去，那么她肯定会答应下来。她会得到工作上的肯定，还会享受收音机中的音乐。

她并没有意识到自己正在两个彼此矛盾的观点之间徘徊，一方面，她觉得渴望在痛苦时能够得到帮助是不理智的，而另一方面她又觉得这是理智的。然而，几天以后，当再次阅读自己的记录时，她意识到了这一矛盾，当时，她唯一能够感知到的一丁点儿结果就是，她必须竭力说服自己放弃一些东西。

她所做的第一个努力就是在现有的基础上解释她混乱的原因。这个现有的基础就是，她意识到自己所做的一些事情都是相当不理智的，这导致她寄希望于奇迹般的帮助——但她并没有满足于这一点，对于这种不理智，她感受到了一般的厌恶。顺便说一句，这是相当关键的线索。如果一个人在其他方面是理智的，只在一个方面缺乏理智，那么我们可以确定这种不理智的背后隐藏着一些关键性的东西。其实，通常提到的对非理智品质的反抗，其目的是要揭开秘密隐藏起来的事情。这种观点同样适用于这里。然而，即使这种根据并不存在，克莱尔依然会很快认识到，真正的障碍并不是不理智本身，而是阻止她的发现的抗力。其实，克莱尔承认她已经从可以借助痛苦而获得帮助这一信念中得到了莫大的支持。

在接下来的几个月中，她逐渐清楚地了解到了这种支持的详细情况。她意识到自己潜意识中倾向于做出比较大的改变，从而解决掉自己人生中的一切灾难，让自己免于陷入孤立无援的境地，这最终导致她看似勇敢、有主见，实际上却总是在难以抵御的遭遇面前感到无依无靠。她承认坚信自己总会得到帮助，这已经成为她的一种信念，就像宗教信念一样，让她充满了信心。

可以说，克莱尔的领悟已经相当深刻了，她意识到自己对他人的依赖已经完全取代了对自己的依赖。如果她可以持续得到别人的指导、鼓励、安慰、帮助和保护，如果她的价值始终都能够得到别人的肯定，那么她就完全没有理由再去超越自己、控制自己生活中的焦虑。这样一来，她就会彻底依附于别人，任由自己不再亲自处理生活。这样的依赖会让她失去一切真正的刺激，从而失去活力，产生强迫式谨慎。此外，她会继续懦弱下去，并且对抛弃独立的状态产生兴趣——继续保持谦卑、顺从和不自信能够让她获得一切的快乐和成功；而试图更加独立自主、试图具备更强的自我决策和辨别是非的能力都只会给追求极乐带来威胁。顺便说一句，这一发现恰恰解释了她首次提到自己的观点以及表明自己的期待时的恐惧感。强迫式谨慎不仅为她提供了相当隐秘的避难所，并且为她对“爱”的期待提供了必要的基础。

她领悟到这一结论完全符合逻辑，她把自己的同伴视为拥有魔法般能力的帮助者——用埃里希·弗罗姆的话来说——要想成为最重要的人，唯一重要的事情就是得到他的思念和爱。彼得显然也是帮助者之一，他特有的才能让他非常适合扮演这个角色。即使克莱尔真的在遭受痛苦，她完全可以求助于朋友，但对她来说，单纯的朋友远远没有彼得重要。她就像使用工具一样，按照自己的需求来安排彼得的工作，彼得之所以对她很重要，就是因为她的需求太多了。

有了这些领悟之后，她感觉比过去更加轻松自在了。此前，她一直对彼得心怀热切的期望，如今，这种期望逐渐消失了。最关键的是，这一领悟改变了她的生活目标。以前，她一直有意识地想要独立自主，但实际上这种期望总是落空，一旦遇到困难，即使是很小的困难，她都会祈求帮助。如今，她已经有能力妥善安排自己的生活，有望实现充满生命力的目标。

这一阶段的精神分析唯一的缺点就是忽略了特定阶段所包含的特定问题：克莱尔缺少独立生活的能力。我想表明我对待这个问题的态度，不想让它就这样一带而过，因此我想提出两种稍有不同的方法。通过这两个方法，或许就能够稍微接近这个问题了。

克莱尔或许已经开始考察这个问题的缘由——最近的一年中，她不再像以前那样频繁地感到痛苦了，她已经可以更加积极主动地去处理各种外部困难和内部困难了。这种考察带来了一个问题：她为什么一定要在这一点上延续以前的方法？如果她只是因为孤独而不快乐，那么为什么要使其发展为难以忍受的痛苦，以至于需要立刻接受治疗？如果孤独真的如此难熬，那么她为什么不能主动做点儿事情来缓解这种痛苦？

克莱尔或许已经开始考察自己真正的行为了。孤独令她痛苦，但她几乎没有做出任何努力去结交朋友或是培养新的关系，因此，她仍然维持着冷漠的态度以及对魔法般帮助的期待。无论在其他方面她的自我观察有多么的敏锐，她依然忽略了自己在这一点上的真实行为有多么的可笑。这是一个相当明显的缺陷，通常会暴露出一个潜力巨大、受到压抑的因素。

然而，就像我在上一章中说过的，我们所忽略的问题必定会反过来困扰我们。几个星期后，克莱尔就被这个问题困扰住了。在我的暗示下，她稍稍换了个思路，然后得到了答案。我已经指出，如果想阐明心理学问题的真实情况，那么同样可以借助几种主要方法。既然关于她的精神分析中的这一部分并没有书面报告，那么我只能简述一下新领悟的建立过程。

她先是承认她只会根据别人的反应来了解自己。通过这种方式，她意识到，她的自我评价取决于别人对她的评价。她已经忘了自己是如何获得那种领悟的，只记得那种领悟突然强烈地震撼了她，让她差点儿晕倒。

有一首童谣非常明确地阐述了这种领悟的含义，它曾经深深地影响了我，所以，我必须在此引用它：

我曾经听说呀，

有一位老奶奶，

她想去集市上，

卖一些鸡蛋。

她想去集市上，

什么集市都要去，

累了就睡在路边，

每次都是这样。

一个小贩走过来，

他名叫斯陀特，

他撕开她的衣裙，

围着她打转。

撕开她的衣裙，

压住她的膝盖，

老奶奶胆战心惊，

目光有些呆滞。

老奶奶刚清醒过来，

开始浑身发抖，

然后吓坏了。

她先是高声尖叫，

然后嚷嚷起来：

“可怜可怜我吧，

我不是这样的呀。”

“如果我是这样，

我也希望啊，

家里有只小狗，

它非常了解我。

如果我是这样，

来回摇摆尾巴，

如果我是这样，

悲伤地大声嘶吼。”

小女孩来到家中，

全部偷偷埋藏，

蹦蹦跳跳的小狗，

立刻开始撕咬。

疯狂大叫起来，

她高声嚷嚷着：

“可怜可怜我吧，

我不是这样的。”

接下来的两个星期，第二个步骤开始了，她对独自生活的厌恶直接体现出来。自从研究了“个人信仰”，她对这个问题的态度已经发生了转变。她仍然觉得独自生活让她相当痛苦，她并没有向孤立无援的痛苦妥协，反而开始主动地逃避孤独。她试着去交朋友，从中寻找快乐。可是，大概两个星期之后，她就被一个念头彻底束缚了——她必须拥有一个关系非常亲密的伙伴。她觉得自己几乎问遍了理发师、裁缝、秘书或者已婚的朋友等所有她能够见到的人，让他们给她介绍合适的男人。对于已婚的人，或者拥有亲密伙伴的人，她心怀强烈的嫉妒。这些念头深深地震撼了她，让她意识到所有这些情感不仅悲哀，而且显然具有强迫性。

或许只有在此时她才会意识到自己并不具备独自生活的能力，这种软弱在她与彼得交往的过程中得到了发展，并且在彼得离开之后达到了顶峰。她承认，她可以忍受自己选择的独自生活，而无法忍受被迫的独自生活。后者让她感到失去了宠爱，不再被需要，不再被接受，受到排斥。这样一来，她就认可了问题并不在于普通的不具备独自生活的能力，而在于对被抛弃的敏感。

通过把这个发现与她所承认的她的自我评价完全取决于别人对她的评价这一现象联系起来，她意识到，自己单纯地觉得缺乏关怀等同于被卑鄙的人抛弃。这种对抛弃的敏感以及她是否喜欢那些抛弃她的人，只会影响到她的自尊心，她深深地感受到这种敏感源于她大学时的经历。大学里有一群十分势利的女生，她们组成了一个小圈子，把她排除在外。她看不起这些女生，甚至十分讨厌她们，但她偶尔还是会向她们赠送自己所有的东西。克莱尔由此回忆起，妈妈和哥哥之间的亲密关系同样把她排除在外。通过曾经的很多事情，她意识到，自己在他们眼中只是一个十分讨厌的人。

她意识到，她此时发现的这种反应是从她不再抵抗轻视待遇开始的。在这一点上，她也曾像其他人一样出于本能地充满了信心，不愿低人一等。可是，长期的抵抗使她不可避免地变得孤独，而且这种孤独达到了她难以忍受的程度。就像第二章中提到的那样。为了得到别人的接纳，免于受到排挤，她妥协了，认可了专横的判决，认可自己低人一等，并且开始抬高别人。她的自尊心在难以抗拒的强大压迫下第一次受到了打击。

然后，她认识到，彼得的离开不仅迫使她在仍然很想依赖他人的时候去独自解决问题，而且让她失去了自我价值感。这两个因素合力给分手的后果带来了重创。失去自我价值感导致她难以忍受独自生活。首先，她急需某种魔法般的补偿，因此，她强烈渴望得到一个关系非常亲密的朋友，从而让自己重新拥有类似她与彼得之间的关系。由于这种渴望不再具有强迫特征，因此她可以接受独自一人的生活了，甚至有时她还会感到十分享受。

她也看到了自己在与彼得的糟糕关系中以及在被拒绝的时候

有着怎样的反应。通过回忆过去的经历，她意识到，在第一次给她带来开心和激动的感觉后，彼得很快就开始用一种含糊其词的方式来抛弃她。他借助回避和暴躁的态度，越发明确地暗示她，对他来说，她已经没有价值了。当然，与此同时，她从他那里得到的爱的保证掩饰了这种退缩，但恰恰是由于她的自我欺骗，导致她没有察觉到他想要抛弃她的迹象，因此这种退缩才会掩饰得如此成功。出于对找回自尊心的强烈渴望，她让自己越来越努力，但仅仅是为了把他留在身边，而不是为了了解那些应该了解的东西。此时，她已经很清楚，比起其他所有事情，为维护面子而付出的巨大努力反而更加严重地伤害了她的自尊心。

由于这些努力不仅包含了对彼得的愿望的顺从，而且包含了她下意识地夸大对彼得的感情，因此它们对她没有任何好处。她发现，自己越是减少对他的真情，就越是加强一种虚假的感情，这让她受到了更加强大的束缚。自从领悟到自己的“爱”是怎样形成的，她夸大感情的倾向便有所减弱，但只有在此时，她的感情才迅速降至其真实程度。她发现，自己所有的真实感情中并不包含多少对他的真情。这一认知让她的内心暂时平静下来。对于彼得，她的态度并非徘徊在热切期盼与意欲报复之间，而是相当平静。她依然欣赏他的才能，但她很清楚，她不可能再与他保持亲密关系了。

借助报告中最后这个发现，克莱尔从一个全新的角度牢牢地把握住了依赖问题。可以说，她对这个问题的研究，是一个逐渐了解的过程，也就是说，她逐渐了解到自己所具有的依赖性，而这种依赖源于对同伴的强烈渴望。她一步一步地了解了这些渴望的本质，而这项工作最终演变为对“个人信仰”的研究。如今，她更加深刻地认识到她出于本能的自信心的丧失是怎样更加直接地增强了这种依赖性。在这一观察过程中，最重要的发现就是领悟到她对自己的印象完全取决于别人对她的评价。同样重要的是，这一领悟导致她受到了严重的打击，她甚至差点因此晕倒。对这种倾向的认识揭露了一个非常深刻的经验，她几乎瞬间就因此而妥协了。这一直觉本身无法解决问题，但可以让她认识到自己对情感的夸大以及对自我价值的否定。

这一阶段的精神分析为此后她了解克制奢望的问题开辟了道路，让她意识到，一种强化她受损的尊严的手段，一个试图借助超越他人，从另一个角度实现的愿望，才会被别人接纳。

完成这些汇报工作后，过了几个月，克莱尔又来接受了精神分析治疗。她之所以这样做，一方面是因为她想把所有事情都讲给我听，另一方面是因为她在创作的过程中仍然存在着压抑。就像第三章中已经阐明的那样，她有着渴望超越他人的需求，或者更加简单来说，她有着压抑的追求进步和报复的倾向。我坚信她能够独立完成这项工作，即使也许要花费更多的时间。研究压抑的追求进步的倾向，反而有助于认识依赖。而且，根据她更加确切的描述来看，它彻底消除了或许仍然存在的一切危害，将其他病态依赖发作的可能性扼杀在摇篮里。但从本质上来讲，与同伴彻底和谐的需求给她带来的影响因为她的自我分析而遭到了破坏。

第九章

系统自我精神分析的态度和原则

我们很早以前就已经分别从几个角度对精神分析工作进行了探讨，并且从相当翔实的案例中，得出了自我分析的一般程序，既然如此，关于自我精神分析的方式，也就无须再做细节上的讨论，因为没有什么必要。因此，我们将在后文中选择自我精神分析中值得关注的问题做重点分析，相关的很多问题我们在其他地方都已提到。

正如我们已经看到的，一切精神分析工作的出发点和基础就是自由联想以及坦率的自我表达，在这一点上，自我精神分析与专业的精神分析非常相似，但要做到还是很困难的。可以说，当一个人独立进行上述工作时，他可以使用更加简单的方法，这是因为他不必担心被误解、指责和干预，不必担心被别人报复，也不必不好意思讲出难言之隐。在一定范围内，这种做法是正确的，换句话说，从患者的角度讲，身边有人陪伴，有人倾听自己的陈述，这本身就是一种刺激和协助。我们可以这样认为，通常情况下，无论是独立工作者还是依赖于精神分析师的人，自由表述的最大障碍就是自己。如果一个人非常急切地渴望忽略一些因素，急切地渴望维持自己原有的形象，那无论他是否独立进行工作，都只能期待接近自由联想的水准。基于这些困难，正在独立做自我精神分析工作的人要时刻保持警惕，遗漏或清除任何新企图或情感都是对自身利益的损害，而且自己必须为此承担一切责任，只有自己可以分析出断掉的联系或是调查出被揭露的缺点。

坦诚是表达情感的关键因素。有两个原则必须牢记：第一，要努力表现自己真实的感受，而不是根据传言或个人标准想象出来的感受。他至少应该清楚，真实情感和虚伪情感之间的差别是巨大且重要的，他应当经常问问自己——不是在做自由联想时，而是在此后——对于此事，他的真实感受是什么。第二，他应该按照他或许能够做到的那样，对自己的情感进行自由排序。这一点看似容易，但真正做到就困难了。表面上遭到了一点羞辱就感觉受到了伤害，这或许非常可笑。对靠近自己的人缺乏信任感或充满敌意，这可能会让人十分为难，而且令人反感。他可能甘愿承受愤怒的侵袭，但当他意识到这愤怒是真实存在的，他的内心就会非常惶恐。不管怎样，他必须记住，从所牵涉的外界影响来看，在揭示真实情感方面，与其他情境相比，精神分析的威胁要小得多。在精神分析中，只有内心的结果才会产生影响，也就是说，要了解一种感情的所有强度，这也是心理学问题的一个关键所在，就好比我们无法处死一个还没有抓住的人。

当然，谁都无法迫使已被压抑的情感重新建立起来。谁都无法做出自己能力所不及的事情。刚开始接受精神分析时，克莱尔曾拥有世界上最美好的心愿，与她对彼得的不满相比，她还没有表现出更大的敌意。但随着精神分析工作的展开，她逐渐能够对自己强烈的感情做出评价。根据我们的观点，她的整个分析过程可以描述为她早已感知到的情感的自由成长过程。

还有一种自由联想方式是，在做自由联想时，关键就是不要进行推论。对于精神分析来说，推论是非常重要的，其使用机会相当充分，我们将在后文中阐述这一点。但就像我们曾强调过的，自由联想的本质应该是自觉的行为。因此，想要进行自由联想的人不应该试图借助推断来解决问题。比如，你感到非常疲倦和虚弱，很想躺下休息，而且认为自己生病了；你从二楼的窗口往外看，发现自己正陷于一种伤感中，如果你从那里摔下去，最坏的结果也就是摔伤一条手臂。这一切让你感到震惊。当时，你原本并没有意识到自己情绪消极，甚至沮丧得想死。你听到头顶上方传来收音机的喧嚣声，你非常生气，想要呵斥那个打开收音机的人。就这样，你正确地认为，当心情欠佳时，自己必定会感到恼怒，同时会感到自己的希望破灭了。至此，你已经很好地完成了一项工作。对于某些问题，如果你感到十分恼怒，那么你可能就会找出其形成的原因，从而减少沮丧感。现在，对于那些有可能激发你恼怒情绪的原因，你开始有兴趣去积极探索了。趁着疲惫感尚未降临，你对事情发生的全部过程进行分析。你或许会暴露出恼怒情绪，但这恰恰说明你还没有完成这种自发性的分析研究——30分钟后，当你因为探索没有取得任何结果而感到沮丧，甚至打算放弃时，真实的原因就会浮出水面。

如果一个人试图借助推理来掌控自由联想的含义，那么即使他任由自己的思想肆意驰骋，也不会得出任何结果，因为一切试图强行得出结论的做法都不可能达到目的。无论他的这种行为是由于怎样的刺激，抑或是出于迫切的渴望或是想要发挥才能，也可能是担心自己会对放纵的思想与情感做出妥协，自由联想中必然存在的懈怠都肯定会因为这种理智的侵袭而受到干扰。他可能会因为联想的含义而逐渐意识到这并不是虚假的。关于这一点的经典案例，就是克莱尔通过回忆起宗教歌曲的歌词而结束了一系列自由联想。在这里，她的自由联想是逐渐清晰起来的，即使她并没有刻意地去认识它们。换句话说，有些时候，自我表达与了解这两种方式也许只是碰巧达成。但是，直至加入自发性的努力之前，它们都必须严格维持分离状态。

如果自由联想与认识之间的区别就这样得到了明确，那么人们什么时候才能停止自由联想，并且开始努力进行推测呢？好在这种规则是不存在的。只要任由思想肆意驰骋，理智就无法抑制它们。但它们迟早会被强大的力量所阻拦，或者患者有可能突然触及某个开关，使他的困扰真相大白。也可能是患者轻松地摆脱了自己的思路，这或许预示了某种抗力，也或许说明他已经暂时对问题有了翔实的论述。或者，他只是得到了一段可控的时间，但他还在努力阐释自己的暗示。

对于联想的认识，并不存在明确的论题范围以及构成模式，因此，对于分析过程中各种要素的含义，也并不存在明确的认知规则。在“精神分析师在精神分析过程中的作用”一章中，我们已经对精神分析过程中的一些基本规则进行了阐述。但在探讨人的机警性以及注意力等问题的过程中，我们有必要对更多的问题进行讨论。因此，在这里，我仅仅打算更进一步阐述早已讲过的内容，并且对即将做出解释的内容进行意义上的补充。

如果一个人停止了自由联想，并且开始通过回忆这些暗示来认识自己的联想，那么他此时的工作形式就必定会发生转变。无论发生什么事情，他都不再被动承受，而是变得非常主动。此时，他的所作所为更加理智。但我更愿意使用否定形式的说法：对于理智，他不再排斥。即便如此，他也宁愿不那么理智。当他想要把握一系列联想的含义时，他无力明确表述自己的态度，但也不至于退化到纯粹使用理智的地步。如果他有必要使用理智，比如在下象棋或者参加交叉字谜游戏时，他就能做得更好。他或许会努力做好各方面的解释工作，尽量涵盖一切有可能存在的含义。借助能够对他的才智加以印证的方式，他的虚荣心也许得到了满足，但这并不足以让他实现真正的自我认识。这样的努力甚至会让他陷入某种危险——他会自我满足，以为自己什么都懂，从而阻碍分析的进展，但其实，他只是能够辨别某些项目的类型，而从未接近任何被提及的事情。

另一个极点——纯感性的领悟——具有更为重要的意义。如果没有对其进行更为翔实的阐述，那么它也并不理想，因为它抹杀了很多有价值的暗示，而这些暗示都还不甚明确。但正如我们能够从克莱尔的分析中看到的，这种领悟可以让一些事情真相大白。在早期的精神分析中，她曾产生过一种相当强烈的失落感，而且这种失落感关系到她那个有关外国城市的梦境。当时，虽然还不能证实这种情感经历是否有助于更进一步的精神分析工作，但关于她不愿触及任何将她束缚在与彼得的复杂关系中的禁忌，或许已经因为这种情感经历的动荡本质而受到了严重的动摇。当克莱尔对依赖发起最后的反抗时，另一件事情出现了，当时，她觉得掌控自己的命运是非常可笑的。虽然她并没有从理性的角度来把握这种感性领悟的含义，但这种领悟依然促使她摆脱了冷漠与沮丧的情绪。

如果一个人正在进行自我精神分析，那么他就应该根据自己的兴趣做出解释，而非指望符合科学性。他应当仅仅关注那些引起自己注意的、让自己感兴趣的、令自己动情的事情。如果他顺应自发性的兴趣，任由其所驱使，那么他就会具有理性的信念，他会凭直觉选择与他的认识最接近的内容，或是与他分析的问题相一致的内容。

我发现，这个观点引出了一些问题。难道宽容不是最值得提倡的吗？难道患者的兴趣无法指导他弄明白自己熟悉的问题？难道这个过程并不意味着他对自身抗力的妥协？在有关解决抗力问题的章节中，我会对此做出解释，在此，我暂且只说这些。顺应自己的兴趣，说明把抗力降到最小，这是没有问题的。但抗力最小并非没有抗力。这个原则意味着追求至少当前仍然被抑制的困扰因素。精神分析师就是使用这个原理来进行说明的。正如我们已经讲过的，他所说明的是他认为患者当前可以完全了解的因素，同时不涉及那些仍然存在巨大压抑的问题。

克莱尔自我精神分析的整个过程可以证明，这种方式确实是有益的。尽管那些无法引起自身任何反应的问题已经非常急迫，但她仍然不以为然，也从没想过要去解决。她完全不懂得以兴趣做指导的原理，但她仍然自发性地将其贯穿于自己全部工作的始终，并因此获得了成功。有一个案例或许有助于理解这个问题。通过首次出现的以伟人形象为结束的一连串联想，克莱尔只是认识到自己在人际关系中扮演着寻求保护的角色。在这些联想中，尽管那些涉及对男性的其他期待的暗示都是相当明显且重要的组成部分，但她仍然彻底无视了它们。她毫不犹豫地做出了这个选择，说明这对于她来说是最好的方法。她并非单纯关注最常见的依据。她发现对保护的需求是她所谓的“爱”的关键部分，她从中认识到自己始终没有弄明白的因素。而且，这个发现让她意识到自己并不是想象中那样充满了“爱”，这给她带来了深刻的打击，让她痛苦不已。同时，要想消除对男人的病态依赖，注定非常困难，除非她的解决方式相当肤浅。由此引出了最后一个问题：她领悟到自己不可能同时关注一个以上的对象。如果一定这样做，那么对其中的两者或全部都会构成极大伤害。无论怎样的领悟，只要它足够深刻，就必定需要投入全部的时间和精力。

要想认识一系列的联想，就不仅要在分析方向上避免过于死板，而且在探索方式上也是这样，正如刚刚所探讨的那样。也就是说，在进行问题的选择时，必须以自觉性的兴趣为依据，同时以才智为指导。在分析问题的过程中，必须避免谨慎的思考，要根据直觉来把握彼此间的关系。后者就像学习绘画时所要求的态度那样：要对构图、色彩、风格等进行思考，还要考虑这幅画会激发我们怎样的情感反应。这与精神分析师对患者的联想所采取的态度是一致的。在倾听患者的陈述时，我有时会努力推测他可能的意图，甚至任由自己的直觉盲目跟随患者的话语，而我只是得出某种推测。无论如何，不管以什么方式证明一个发现，都必须运用全部的理性智慧。

当然，通过一连串的联想，一个人可能会发现，他的特殊兴趣并不受控于任何因素：他只是看到了所有的可能性，但缺少清晰的事实；或者在相互对立的两个极端之间徘徊。他可能会发现，甚至就像他对某种关联进行研究一样，其他一些因素也变成了明显的问题，使他深受震撼。在两个事例中，他将在这个范畴中将问题搁置，暂时不予解决。回想他的暗示，对他来说，纯理论上的可能性或许意味着更多的东西，或者将需要更细致处理的问题暂时搁置。

最后一个需要提及的隐秘威胁是：与你真正相信的相比，不被你认可的将占大多数。对于有规律的精神分析来说，这是最大的威胁。如果患者在做事时秉持必须令人信服的原则，那么就更是如此了。但当一个人相信自己很有才能时，可能就会将这种威胁隐匿起来。比如，对于涉及他本人的任何“坏”的东西，他可能会认为只要自己承受了，就意味着被强迫了，如果他不愿承受，就会感受到某种“抗力”。但如果他仅仅把自己的解释当作假想，那么他的处境就是安全的，而且不会促使自己去承认它的明确性。对于精神分析来说，坦诚是最重要的部分，在能否认可自己的解释方面也应该是如此。

如果这种解释带有欺骗性，或者最低限度来说是无用的，那么，危险就会随之而来，但也不要被它吓倒。如果此人身强体壮，而且能一直保持身心健康，那么他终究会发现一种更为有效的方法，并且从经验中吸取有益之处。否则，他就会发现自己所走的路是行不通的。比如，在克莱尔还没有对自己的依赖进行分析时，从她提到采取自己的生活方式开始，她花费的探索时间已有两三个月之久。通过在某一方面花费的时间，我们就能了解到她在这方面所受指导的情况。但在对我做汇报时，她说，当这些意图依然存在时，她从来没有过任何类似此后她所发现的那些确切的感觉。而且，主要是因为在现有的控制关系中，彼得频繁地指责她，所以她选择了尽早采取行动。这恰好证明了前面所谈及的问题：必须任凭患者的兴趣做指导；必须拒绝一切没有十足把握的事情。但从另一方面来看，克莱尔最初的探索虽然浪费了时间，但并没有任何危害性，它逐渐消失了，并且没有影响她此后的高度建设性工作。

克莱尔的分析工作之所以具有建设性，并不仅仅是因为她的解释基本正确，还因为她这一阶段的精神分析体现了一定程度的连贯性。她并没有打算将注意力集中在一个问题上——在相当长的时间内她甚至不明白这是什么问题——她所做的一切都是对依赖问题的一种奉献。她坚定而无意识地专注于一个独立的问题，从不同的角度对其进行分析，这是有必要的，但很少能够将不同角度的研究提升到相同的高度。通过克莱尔的案例，我们可以对此进行验证，因为当时她生活在重压之下——后来她才发现它有多么强大。因此，她是无意识地全身心专注于这个问题，为此付出很多。这种情境绝非自发形成的，而是具有强迫性的。但她越是对一个问题感兴趣，就越是容易如此专注。

关于第三章已经讲过的三个步骤，克莱尔的自我精神分析已经对此做了非常准确的解读：认可神经症的倾向，认识它的内涵，揭示出它与其他神经症倾向的联系。就像经常能够在案例中看到的那样，从某种程度来讲，在克莱尔的精神分析中，这些步骤彼此之间存在着重合部分：在搞清楚自己的倾向之前，克莱尔已经了解到了这方面的很多含义。因此，在精神分析过程中，她并没有千方百计地隐瞒那些明确的步骤：她没有刻意宣称要对神经症的倾向进行探索，也没有对她的依赖性与强迫性谨慎之间的联系进行刻意的分析。类似的是，就像精神分析的过程一样，两种倾向之间的联系几乎是自动地变得越来越明显。换句话说，对于这些问题，克莱尔并没有做出选择，至少没有做刻意的选择，但这些问题却主动呈现在她面前，而且这种呈现的过程具有一种有机的连贯性。

此外，在克莱尔的精神分析中，还存在着一种更为重要的连贯性，体现了更多可以仿效的可能性：自始至终没有出现以孤立状态或分离状态呈现出来的顿悟。我们所关注的是某种结构形式的发展，而不是很多独立领悟的堆积。即使患者在精神分析过程中获得了每一个准确的独立领悟，但只要它们依然散乱，那么他就不可能在工作中获得最大的利益。

这样一来，在克莱尔坦言自己因为含糊地认为让自己置身于痛苦之中可以得到帮助，所以她才决定这样做之后，有关自己童年性格的形成原因，她可能已经彻底挖掘出来了，甚至在她看来，这种早期的信念永远都不会改变。这对她来说可能是有益的，因为没有人会在缺少恰当理由的情况下需要痛苦。当再一次发现自己正向痛苦做出妥协时，她就会主动控制发作的时间。但对这一点的把握只会让她对这一阶段中密集的、解决难度大的发作次数进行控制而已。最关键的特性并没有通过这些复发表现出来。还有另一种可能，就是她没有将接下来的步骤向前推进，换句话说，就是将她的发现与她缺少自我决断这一事实联系起来，她也没有积极解决生活中遇到的难题，她承认，对魔法般帮助的信任已经取代了这一行动。虽然这种帮助并不充分，但可能已经起到了很多作用，因为它已经对消除这种信任所掩盖的全部毫无帮助的虚假态度形成了一种新的刺激。但只要她还没有将对魔法般帮助的信任与她的依赖性联系起来，而且还没有意识到它是后者的主要因素，那么她就绝不可能彻底战胜这种信任，因为她始终想要建立一种无意识的限制：如果她决意要找到永恒不变的“爱”，那么很容易就能得到帮助。这仅仅是因为那个关联就呈现在她面前，另外，她对这种期望的错误认识还让她付出了惨痛的代价。而顿悟完全能够解决它所造成的后果。

如果一个人想要发现某种人格特征是怎样以种种理由和结果植入他的结构中的，那么，这就不仅是局限于理论方面的兴趣问题，其中还包含了更重要的医疗问题。对于这个问题的必要性，我们可以用更为熟悉的动力术语来表述：首先要对人格特征有清晰的认识，之后才能对其态度做出改变。但这种话或许已经成为老生常谈，失去了足够的说服力。而且，它往往会让我们联想到驱动力的概念，而在此，人们可能会认为，无论是在人生的哪个阶段，都必须去获得这种力量。在这种情况下，动态的看法会使人困惑，因为比起某种人格中的局限性因素，它对所有性格的影响同样重要。

结构上的关联不仅具有心理学方面的重要意义，比如，我所强调的这些问题在器质性病变方面也有着重要意义。对于优秀的医生来说，心脏病并不是一种独立的症状。他还要思考，肾、肺等器官对于心脏有何影响。他还要了解心脏是怎样影响身体其他各部件的，比如，它是怎样影响血液循环或肝脏机能的。这些知识能够帮助他了解心脏病的强度。

如果在精神分析的过程中非要对琐碎小事加以关注，那么怎样才能实现理想的连贯性呢？在上一个段落中，我们已经从纯理论性的角度对这个问题做出了很委婉的回答。如果一个人已经对此进行了一些考察，或已经有所领悟，那么他就要分析一下，这种特征是怎样为了表现自身而在不同的场合揭示自身的，它有哪些作用，以及他的性格中都有哪些因素能够对其加以阐明。但这样说或许显得很笼统，所以，我会尽力以构想的案例对此进行阐释。无论如何我们都要牢记，在现实生活中，不可能所有简短的案例都必定会给人留下简明扼要的印象。而且，这样的案例即使能够展现被辨认出来的因素的各种形式，也无法展现自我精神分析过程中所具有的感性经验，因此，它所展示出来的仅仅是被过于高估的片面图像。

我们要牢记这些局限，可以做这样的假设，一个人已经意识到，由于他害怕面对可能出现的批评，因此，在他能够接受争辩的范畴内，他会在某种情况下无言以对。如果他愿意牢记这样的发现，那么他就会质疑这种害怕的情绪，因为并不存在与之相应的实际威胁。这种害怕的情绪不仅有可能对他表达自己的思想造成干扰，而且还有可能让他无法进行清晰的思考，因此，他会对其为何如此强烈产生怀疑。他会怀疑这种情绪是否比他的理想更强大，是否比他的决策更强大——而这种决策能够让他的前途实现令人满意的结果。

在这里，他已经对自身的问题产生了一些兴趣。他会努力地探索类似的困扰是否会对自己生活的其他方面造成影响，如果真的有影响，那么他还会尽力探索它们是怎样发挥影响的。他会思考自己与异性之间的关系。他之所以不愿意接近异性，是因为担心她们给他添麻烦吗？他不愿意参加晚宴吗？他能顺利购物吗？他是因为不想让售货员以为他非常吝啬，才买了昂贵的威士忌吗？他是因为不愿被服务员小看，才大方地支付小费吗？另外，他真的无法接受批评吗？是什么样的才能让他感到尴尬或痛苦？他是只有在妻子嫌弃他的领带时才会感到痛苦，还是只有在她夸奖吉米很会搭配领带和短袜时才会感到不快？

经过这样的观察，他就会了解到自己的困扰及其各种表现的广度和强度。此后，他会想要了解它是怎样影响了自己的生活的。他已经知道，自己在很多方面深受其压抑。他无力维护自己的权利，只是顺从于别人对他的期望。因此，他始终都把自己置于某个角色之中，却不能做自己。他不愿被人操纵，于是奋力反抗，但这样做反而损伤了他的自尊心。

最终，他希望找出导致这种困境的根本原因。他为什么如此害怕被批评？他可能会认为，自己的刻板性格是父母造成的，他可能会回忆起自己曾经受到的批评，或者种种令他不舒服的琐事。但他必定也会想起自己真实性格中的所有缺点，这种整体性格让他对别人产生了依赖，并且让他无比重视别人对他的看法。如果他能找到这些问题的全部答案，那么，他对自己害怕被批评的认识就不再仅仅是一种单独的领悟，而且他还会关注这种性格特征与他整体性格结构之间的联系。

我极有可能会被人们追问，之所以使用这样的案例，是否因为想证明如果一个人已经发现了新的因素，那么他就应该认真思考自己在各种方式中被指出的经验和感受是否具有必然性，因为这个过程会带来危险，就像曾经探讨过的纯理论控制一样。他应该给自己留有思考的时间。他应该反思自己以极为相似的态度获得的发现，就像考古学家从不同角度观察挖掘出来的受到严重损坏的雕像，直到十分满意地还原出它们的本来面目。一个人所了解到的全部新因素都像一架探照灯，照亮此人生活中的黑暗角落。只要他有强烈的意愿了解自己，他就必定会发现这些问题。专家的引导能够为正确面对这些问题提供很大的帮助。此时，在精神分析师的主动帮助下，患者会认识到这一发现的价值，指出其暗示的问题，并且将其与曾经的发现联系起来。如果缺少外界的有效帮助，那么就不要草率地展开精神分析，牢记一个新的领悟就意味着征服了一个新的领域；还要尽力维持成果，从而在征服中受益，这样的方法才是最好的。在“偶然的自我精神分析”一章中，我通过全部案例阐述了顿悟有可能暗指的问题。可以确切地认定，被分析者之所以难以把握这些问题，是因为他们一旦摆脱了最危险的困境，就会很快对探索失去兴趣。

如果问一问克莱尔，她是怎样在精神分析过程中获得如此显著的连贯性的，她的回答或许就像一位大厨在被询问食谱时的答复一样。概括来讲，他往往会依据自己的直觉。但从精神分析的角度来看，这样的回答并没有什么令人不满之处，与关于煎蛋饼的回答还是有区别的。没有人能够模仿克莱尔的感受，当然，每个人都会有自己的感受，并且能够以此为据。我们由此又回到了曾经探讨过的关于联想的阐述：对一些问题进行探索是有益的，但这种探索应该以自己积极主动的态度和兴趣作为引导。人这种有机体是受需求和兴趣控制的，我们必须承认这一事实，并且抛弃所有刻板、机械的想象。在这个过程中，与期望达到的透彻的洞察相比，实际上有更多的部分是纠缠在一起的，就像在其他很多过程中那样。当人们下定决心要了解它们时，那些被遗漏的纠缠就会在一段时间后呈现出来。

那些不被人们掌控的因素也很有可能对精神分析工作的连贯性造成阻碍。因为一个人不可能生活在纯粹的经验中，所以他必定会希望中止精神分析。任意数量的日常经验都会损伤他的思考，其中的一些经验或许还会导致要求直接说明的情感反应。比如，假设克莱尔在分析她的依赖问题时丢下了自己的工作，或是接手了一份新的工作，后者要求她更具积极性、决断力和领导力。无论如何，相比依赖问题，其他的这些问题才是更重要的。面对这种情况，应该做的就是从容地中止精神分析工作，并且尽力把新问题处理好。在处理当前的问题时，他或许刚好可以借助更为出众或更多依赖性的经验。这样一来，克莱尔必定会因为彼得结束了他们之间的关系而受到刺激，进而更加深入地对自己的问题进行分析。

总之，对干扰以外的事情不必过于担心。在治疗工作中，我发现，即使已经明确是来自外部的事情，治疗路线也只会暂时走偏。这个过程很短，甚至患者还没有意识到，就已经转回了自己正在处理的问题上，有时还会刚好回到他已经离开的那个点上。我们不会从神秘的角度来解释这种情况，这就像是假设那个问题对患者的吸引力强于其他事情。既然大部分经验能够引起一些反应，那么，与自己关系最大的事情或许就会触动他，从而引导他本打算抛弃的那些思绪重新回到他的脑海中。

这些观点主要强调主观因素，而不呈现明晰的倾向，这是确切的事实，但这种事实有可能再次招来对精神分析持否定态度的意见，认为精神分析过于艺术化而不够科学。如果我们对这种观点进行探讨，那么就会偏离主题，因为它涉及对哲学术语的解读，而我们所注重的是实用性。如果把精神分析视为一种艺术行为，那么就有必要明确地提出，只有具备特殊天赋的人才能从事这项工作。就像有些人具有机械方面的才能，有些人具有政治方面的才能，而另一些人则具有心理学方面的才能，我们也具有截然不同的天赋。但最重要的并不是奇妙的、艺术性的天赋，而是全面的、可界定的因素——其中包含了人们的兴趣或分析的动机。这种因素仍然具有主观性，但是，它难道不是在我们所做的大部分事情中起到决定性作用吗？规则并不是关键，精神才是关键。

第十章

如何处理抗力

在精神分析过程中，将会呈现或强调两种彼此矛盾的兴趣要素之间包含的自身力量的作用。这两种兴趣，其中一种是想要把幻想和神经症结构带来的安全感维持下去，另一种是通过破坏神经症构造而重塑内心的自由和力量。恰恰是由于这个原因——我们已经强调过这一点——单独的理性分析不是精神分析治疗的重点。一个机会主义者在分析过程中，无论理性为哪种兴趣服务，其价值都是非常重要的。所有能够破坏神经症结构的领悟都在对抗阻止解脱的力量以及维持现状的努力。这种对抗一旦出现，后者就会尝试着以各种形式阻碍进程。在分析工作中，它们犹如一种“抗力”。“抗力”这个术语是弗洛伊德发明的，他用这个术语恰当地描述了妨碍精神分析工作的一切内部要素。

抗力并不仅仅会在分析的过程中形成。即使在正常状态下，活着也是与神经症结构的对抗。生命的秘密主张是极其顽固的，它必定会毁掉一个人。其他人不可能与他有相同的联想，如果这些联想遭到了别人的质疑和蔑视，他必定会为此而难过，他精心设置却又极不可靠的安全手段也必定会因此而受到打击。这些对抗可能会产生某种正面效应，而且患者可能会给这些对抗带来负面影响，就像精神分析中所呈现出来的那样。首先，焦虑和愤怒的情绪有可能出现并占据主导地位。其次，神经症倾向有可能被强化。根据不同的具体情况，他或许会变得更加孤独、更有掌控欲、更具依赖性，等等。

从某种程度上讲，与精神分析师之间的关系和其他人际关系所引起的感觉和反应是相同的。但精神分析治疗是对神经症结构的严重打击，因此，这就形成了一种更为激烈的对抗。

很多精神分析著作都在重点章节或含蓄或直接地宣称我们根本无法解决自身的抗力，换句话说，如果没有专家的帮助，我们不可能战胜这些抗力。对于反对自我分析的观点，这种坚定的信念是与之抗衡的强大依据。无论是对于精神分析师来说，还是对于每一位正在进行精神分析的患者来说，这一依据的作用都是巨大的，因为他们都很清楚，在接近危险的边缘时，那些顽强而又艰辛的抗争行为就会出现。但如果仅仅求助于经验，就一定不会产生明确的依据。因为明确的经验源于占据主导地位的思想和习惯的结合，以及我们所具备的才智。特别是，明确的分析经验源于一种事实，即患者尚未得到机会独立应对自身的抗力。

更重要的是，弗洛伊德的人本哲学为精神分析者的信念根基提供了理论前提。这个论题过于复杂，在此就不做探讨了。我们只要具有以下认识即可：如果人们被本能所掌控，而这些本能中有一种破坏本能起到了重要作用——就像弗洛伊德所说，当然，真实情况不会如此，但即便存在这种情况，人的建设性本能也会奋起而将破坏本能从人的本质中消除。这些建设性力量能够阻止为那些发展抗力的力量提供动力。如果不认可它们，那么我们必定无法仅凭自己的努力克服自身的抗力。我并不想分享弗洛伊德哲学研究的成果，但我愿意对抗力进行认真观察。与其他精神分析方法相同，自我分析的结果完全取决于抗力的强度以及我们应对抗力的能力。

其实，个人无力应对抗力的程度不仅取决于抗力的明显力量，而且还取决于其潜力，也就是说，从程度上来看，抗力是可辨别的。我们可以确信，人们会在公然的斗争中注意到这些抗力，并且对其进行打压。例如，患者完全有可能发现自己具有一种对精神分析造成阻挠的抗力，甚至有可能意识到自己正在努力摆脱神经症倾向，就像克莱尔与依赖做最后的抗争时的行为一样。更常见的是，在患者没有注意到的情况下，抗力将自己伪装起来，在患者身上悄然蔓延。如此一来，患者就无从得知抗力造成的影响，只是觉得自己一事无成，或是感到厌倦、疲惫、失落。这种既看不到对手，也感觉不到对手的局面，必然会让他产生无力感。

他无法分辨抗力的主要原因在于，抗力的阻碍过程并非始于他直面所涉及的问题时——即他隐秘的生活主旨遭到揭露，他的幻想遭到质问，导致他面临危机的时候——而是在他逐渐靠近这些危机时，抗力就开始形成了阻碍。他越是想要维持原状，就越是不愿靠近危机，即使距离危机还有很远的距离。他就如同被雷雨吓住了一样，不仅畏惧雷电，甚至害怕天空中的乌云。这些远距离的反应是与一个突出的问题相伴产生的，这个问题原本不足挂齿，不可能引发什么强烈的感觉，因此这些反应都是难以察觉的。

如果想要获得了解抗力的能力，那么就必须具备足够的关于抗力根源和表现的知识。为此，我们需要对本书提及的所有相关问题——一般来说，“抗力”这个专业术语并没有被明确提及——做综合性的阐释，并且将一些对自我分析十分感兴趣的观点加入进来。

抗力的根源在于自身为维持现状而产生的一切力量。这些力量与维持疾病的力量完全不同。每一位患者都渴望摆脱病痛，让身体恢复健康。已被证实的是，神经症的某些方面对他有极大的主观价值，他觉得这些方面能够为未来的安定和满足提供保障，因此他希望在这些方面维持现状，而非维持“神经症”。任何人都不愿削弱这些基础力量，即使只是削弱一点点。这些力量主要包括：隐秘的生活主旨，对“爱”的需求，对权力的欲望，对独立自主的需求，等等。他在心中为自己的幻想划定了非常舒适的安全范围。这些因素的本质取决于他的神经症倾向的本质。我们已经探讨过神经症倾向的特征和原动力，在这里就不做深入的详述了。

通常来说，在专业的精神分析治疗过程中，已经体现了对抗力的刺激作用。如果强烈的继发性防御因素得到了发展，一旦精神分析师对这些防御的合理性提出质疑，也就是说，一旦精神分析师对患者人格中任意因素的准确性、优越性和顽固性提出质疑，那么原有的抗力就会被激发出来。如果患者认为自己的一切都是最好的、无与伦比的，甚至缺点也是如此，而且这种认识含有某个继发性防御因素，那么一旦他的动机受到质疑，他就会感到绝望。而一旦其他患者发现了这种情况，或者精神分析师指出了他的不理智心理，他的情绪就会激动起来，还会感到非常沮丧。这与继发性防御功能，即构成的整个防御体系是一致的。这些防御行为不仅会在一种特殊的受压抑的因素面临被暴露的危险时形成，而且会在对任意因素进行探索时形成。

但如果继发性防御并没有如此强烈，或者已经对其进行了揭示和抑制，那么抗力则很有可能是在某些受到严重抑制的因素被攻击时产生的反应。一旦接近那些被患者视为禁忌的领域，无论是远距离接近，还是近距离接近，患者都会被激发出强烈的恐惧感和愤怒感，从而为免于受到更多的伤害而发起抵制，并且自觉地采取防御措施。精神分析师运用一般手段就足以应对这种对禁忌的侵犯，没有必要使用特殊手段。无论是他做过的还是没做过的，说过的还是没说过的，一切事情都有可能刺激到患者的脆弱之处，激发有意识或无意识的恼怒，从而暂时阻挠医患之间的合作。

精神分析情境以外的因素也有可能导致精神分析工作中出现

抗力。如果在精神分析过程中，外部情况的改变助长了神经症倾向的发展，或者增强了这些倾向的影响力，那么抗力就会得到巨大的强化，当然，这是因为拒绝改变的力量已经得到了强化。日常生活中，抗力也有可能源于糟糕的发展状况。比如，一个人觉得身边的人待他不公，此时他可能会很气愤，一心想要报复，从而不愿跟随精神分析师一起探索他的受伤感、羞耻感源自何处。也就是说，外部因素也会导致抗力的形成，如同在精神分析过程中，只要接触到被压抑的因素，无论是刻意接触，还是稍有涉及，都会引发抗力。

在自我分析中，抗力的形成与以上所讲的内容基本相同。只是在这里，激发抗力的并不是精神分析师的解释，而是人们自己对痛苦的领悟，或是碰触到了能够引发抗力的隐秘因素。而且，其中十分缺少研究者的行为刺激。从一定范围来看，这刚好是自我分析的优点，但我们需要记住的是，如果可以精准地研究这些刺激所引发的反应，那么这些刺激将会成为最具积极影响的因素。最后，在自我分析过程中，日常生活中的经历似乎对心理障碍的影响更为重大。这很好理解：在专业的精神分析治疗过程中，精神分析师所发挥的作用虽然短暂，但很关键，因此患者的情绪几乎都集中在精神分析师身上；而在自我分析过程中，患者很难具有这样的专注力。

在专业的精神分析治疗中，抗力可分为三种表现形式：其一，公然抵制令人苦恼的问题；其二，防御性的情感反应；其三，防御性的压抑，即逃避策略。尽管形态不一，但从本质上讲，表现形式的不同仅仅代表着坦率程度的不同。

为了解释这一点，我们假设一位患者有着完全“独立”的需求，精神分析师开始解决他在人际关系中的问题。患者认为，这种探索是在间接地侵害他的孤立表现，随后还会侵害他对独立的需求。患者的想法没有错，因为要想处理好他在人际关系中的问题，就必须将改善他与别人的关系，以及帮助他在人际关系中建立起和谐的情感作为最终的目的。精神分析师可能尚未形成这样的目标蓝图，他可能觉得自己仅仅想要了解是什么让患者感到羞怯，患者有什么令人恼怒的举动，以及患者在与异性相处时存在着哪些障碍。但患者察觉到了这些态度的危险。此时，抗力有可能公然反抗上述困境，并且直言他不希望受到任何打扰。他也可能会表现出对精神分析师的不信任，怀疑精神分析师想要强迫他遵守某些规则。比如，患者可能会认为精神分析师想要强迫他遵守他非常反感的群居规则。或者，患者也可能对精神分析工作表现出非常冷漠的态度：提前约定了治疗时间，但他姗姗来迟；忘掉所有事情；答非所问；缺少想象力；扰乱精神分析师的思路，甚至到了不知所云的程度，使精神分析师产生挫败感。

抗力的第一种类型是公然抵抗，这种类型显而易见，并且为我们所熟知，因此不必赘述。第三种类型是防御性的压抑，即逃避策略，我们很快就会探讨自我分析中的相关部分。第二种类型，即防御性的情感反应在专业的精神分析中具有重大的意义，因为这些反应有可能集中在精神分析师身上。

抗力的表现形式与对精神分析师的情感反应相关，而且这种表现形式有很多种。其中之一就是前面提到过的患者怀疑自己正在受到精神分析师的欺骗。此外，患者也可能出现激烈的反应，隐隐地担心精神分析师会伤害到自己。这种反应有可能是一种蔓延性的愤怒；有可能是觉得精神分析师太过无能，无法理解他、帮助他，进而蔑视精神分析师；也有可能是一种蔓延性的焦虑，患者希望与精神分析师建立起友谊，或是得到精神分析师的喜爱，以此来缓解自己的痛苦。

一般来说，这些反应都会有极其强烈的表现，这一方面是因为患者认为自己已经建立的结构中的某些重要部分正在面临危险，另一方面是因为反应本身有着重要的作用。这些反应能够帮助帮助患者从关注因果转向关注与精神分析师的情感交流。此时，患者并不是在探索自身的问题，而是在竭力说服精神分析师，试图证明精神分析师是错误的，让他受到挫败和惩罚，因为自己的禁区受到了他的侵略。随着关注点的转移，患者有可能因为自身的困难而去抱怨精神分析师，让自己坚信，如果始终与那些完全不理解他并且待他不公的人在一起，那么他根本无法进步；他也有可能把责任全部推给精神分析师，认为是精神分析师剥夺了自己的生机和活力。不必赘言，这些情感的斗争会秘密地进行下去，或许需要大量的精神分析才能让患者意识到这一点。当患者遭受如此的压抑时，他本人就已经对心理障碍的影响有所察觉。

在自我分析中，抗力的表现形式同样包括以上所说的三种类型，但其中也存在着一些不可避免的差异。克莱尔的自我分析中只有一次公然抵抗，但却多次出现针对精神分析工作的各种压抑作用以及逃避策略。克莱尔本人也偶尔会从自己的分析结果中发现某种意识情感反应——例如，她诧异地发觉自己是如此的依赖男人——但这种反应并不会阻挠她随后的精神分析工作。我相信，这就是抗力能够在自我分析中发挥作用的明显且典型的证明。不管怎样，这样的情形符合我们的预想。这个针对自我分析结果的情感反应必定会使我们意识到：对自身某种问题的认识将会让她感到担忧、羞耻、内疚或恼怒。但这些反应与专业的精神分析过程中的反应不同。当患者采取防御性抗争时，如果没有专业精神分析师的介入，他就无从推卸责任，只能自己承担全部责任。此外，还有一个原因，自我分析者对待自己会比对待精神分析师更加小心谨慎：他会搞清楚有可能遇到的危险，并且几乎自觉地避免直接与其接触，试图尽快找到一两种逃避问题的方法。

通过自我分析，我们可能构建了能够体现自己抗力的防御性压抑和逃避策略。这些阻碍自我分析的方式就像人格的改变一样难以估量，它们有可能朝着自我分析的任意方向发展。我们可以借助提出一些重要问题来探讨这些问题在自我分析中的表现，这些表现可能会在重要问题上妨碍精神分析的进展。大体上讲，它们可能会在自我分析中阻碍对某个问题的分析，破坏患者的自由联想的价值，干扰他的理解力，导致他的发现无法发挥作用。

一般来说，自我分析者的工作并不是常规性的，因此在分析开始时，他可能感觉不到压抑。他不愿涉及他觉得没必要进行精神分析的过程，但抗力在这种过程中同样会发挥影响力。当他感到强烈的痛苦、沮丧、疲倦、恼怒、犹豫和担心时，他会非常小心谨慎，还会避免试图阐释这种情况的一切行为。但对于自我分析，他可能会察觉到自己正在有意识地抵制，尽管他很清楚，这种分析至少能够让他有机会摆脱烦恼并且有所收获。或者，他会从努力工作的角度找到很多理由，比如，他非常忙碌、非常疲倦、没有时间。与专业精神分析的过程相比，在自我分析过程中，这种抗力的形态更为常见。这是因为，在专业精神分析过程中，患者有时会忘记或放弃某个机会，但考虑到约定了治疗时间、不能显得没有礼貌，以及治疗费用已经花了不少，他往往只能继续接受治疗。

在自由联想中，防御性压抑和逃避以复杂的方式发挥作用。这可能会使人精神萎靡，缺乏活力；或者禁止分析者进行自由联想，而引导其进行“猜想”；或者突然改变分析者的思想，确切地说，就是让他精神涣散，忘记应该持续产生那些联想。

抗力有可能导致对某种因素过于轻率盲目，进而干扰他的理解力。他可能会忽视那些因素，或是不知道它们的目的和价值，即使那种做法完全正确。克莱尔的自我分析过程中也出现了这种情况。

患者有可能瞧不起自己的感受或想法，就像克莱尔瞧不起自己因为与彼得的密切关系而产生的伤心和恼怒情绪。而且抗力会造成对某种错误倾向的追逐。完全出于幻想的解释，也就是说，在联想中强行加入不存在的东西，尽管存在着一定的风险，但比起另一种风险——发现了某种实际存在的因素，却不深究其为什么会出现，就错误地置之不理——它还不算太严重。克莱尔对关于玩偶米埃莉的回忆的解释就是例证。

最后，当患者确实获得某种真实发现时，压抑或逃避型抗力或许会想方设法地打击这种发现的积极作用。他可能会抹杀这种发现的价值。或者，他没有耐心分析特定的阻碍，而是早早就下定决心必须有意识地努力战胜它。或者，他不会进行彻底的自我分析，因为他已经把它“忘了”，不“喜欢”去做，或者还有其他各种借口，也可能根本不愿去做。当他必须坦承自己的想法时，他可能会有意识地以各种方式妥协，态度也很真诚，进而让自己不再寄希望于既得的结果。然而，就像克莱尔多次确信自己已经把问题解决好了，但事实上，从很大程度上讲，问题根本没有得到解决。

如何应对抗力？抗力并不引人注意，所以，提起这个问题，人们有些束手无策，因此，首先要做的，也是最关键的一点，就是认识到抗力正在发挥作用。通常来说，人们往往对抗力并不敏感，意识不到它们的存在，因此有可能忽略它们。但有些抗力形式必定无法引人关注。这些抗力所体现的障碍的严重程度取决于它们的广度、强度及其背后的力量。比如，在精神分析的初始阶段，克莱尔不可能注意到自己有多么的怨恨彼得，也不可能注意到自己在这段感情关系中承受了多少痛苦。就连精神分析师都几乎无法帮助她认识这一点，确切地说，是无法帮助她理解这个问题。她只有完成了很多工作后，才有能力处理这些因素。这一观察结果让我们看到了希望，它意味着只要将这项工作进行下去，一切很快就会豁然开朗。

这也基本适用于那种干扰分析思路的抗力形式。这种形式的抗力很难被察觉，你的分析会因此而白白浪费时间。但如果经过一段时间的分析后，患者发现自己已经在所涉及的问题上花费了大量精力，却没有任何进展，依然停留在原地，那么他就会对抗力的表现产生怀疑。就像在所有精神分析中那样，在自我分析中也要避免被已有的进展所迷惑。这种迷惑有可能在短期内提高人们的情绪，但很容易妨碍人们发现顽固的抗力。对于需要经常与精神分析师一起对分析结果进行检验，或许归纳总结已经察觉到的错误就能证明这种做法是否正确。

而另一种抗力很容易被人注意。必须承认，这种抗力或许非常恐怖，而且威力巨大。果真如此的话，那么自我分析者无疑会在精神分析的初始阶段就察觉到这种抗力。他会发现自己的自由联想中包含了推测，而非自觉的思考。他会发现自己正在逐渐变得思维混乱，而且，只要回忆从前的事情，这些思路就能得到修复，至少能够修复混乱的部分。如果一天后再次查看自己的记录，他就能找出自己混乱的思绪，就像克莱尔在出现关于渴望得到魔法般帮助的联想时所做的那样。如果他发现这些错误存在着明显的规则，那么无论这个发现是否值得肯定，他都会怀疑是否有什么东西在干扰自我分析的进程。同样，他也会质疑心灰意冷的行为反应，认为这也是抗力的一种表现，但如果他被那种感觉所控制，就很难意识到这一点。他不应该坚信这种心灰意冷的表面价值，而应该将其视为对精神分析的反作用。

当他发现一个心理障碍确实存在时，他就必须停止手头的精神分析工作，尽快处理与抗力的斗争。逼迫自己维持这种斗争，就像弗洛伊德所说的，犹如不断地试图点亮坏掉的灯泡一样毫无作用：必须查明故障究竟出在哪里，是灯泡、电线杆、电线还是开关。

对抗抗力最好的方法就是努力对其进行联想。在精神分析中，联想对一切抗力都有效。在联想还没有开始时，首先要查看心理障碍出现之前的记录，因为这些记录所涉及的问题中有可能包含了解决问题的思路，而且，通过查看这些记录，问题的源头也有可能变得清晰起来。有时，一个人还没有能力立即追查抗力，或者他不愿意去追查，又或者因为感觉被束缚而不去追查。对此，最好的办法就是不要强迫自己，只记录让自己突然产生束缚感或疲惫感的问题，直到次日，对这个问题有了新的看法时，再重新开始工作。

我所提出的“对抗力进行联想”，指的是关注心理障碍的特殊表现，并且任由自己的思绪肆意联想。所以，如果他已经发现不管遇到什么样的问题，他的解释总能给他带来成功的希望，那么他就应该想方设法牢牢把握住这个发现，并由此进行更深入的联想。如果某个发现让他感到心灰意冷，那么他就应该记住这个发现涉及自己目前无力改变或不愿改变的要素，并且要想办法针对这种可能性展开联想。如果他的困扰是在精神分析的初始阶段出现的，那么尽管他还感觉有必要对自己进行检查，他也应该提醒自己，前一次的精神分析或者外界发生的一些事情或许已经造成了某种心理障碍。

在自我分析过程中，我们经常可以看到这种因外部因素而产生的抗力。一个被神经症倾向控制的人，或者任何被神经症倾向控制的人，很有可能认为自己在日常生活中遭到了侮辱和虐待，或者被与自己关系密切的人侮辱和虐待，从而表现出痛苦或愤怒的情绪。面对这种情况，只有非常深入地探索，才能辨别这些侮辱究竟是真实的还是幻想出来的。其实，即使真的发生了这样的欺凌，也没必要出现那些反应。如果被欺凌的是别人，而不是他本人，那么他就会对被欺凌者表现出怜悯，对欺凌者表现出谴责，甚至公然抗争或是表示愤怒。比起准确分析被说中的自己——而不是悲伤的缺陷，仅仅感到愤怒必定容易得多，然而，考虑到自身利益，即使别人的表现确实非常鲁莽、不公或者不足挂齿，他依然应该采取这样的解决方式。

假设一个女人发现丈夫曾经移情别恋，虽然丈夫很快就结束了那段感情，但她仍然深受打击。即使她很清楚事情已经过去了，即使在那之后丈夫对她非常好，但经过了几个月，她依然不能原谅丈夫。她让自己和丈夫都很伤心，时不时地还会对他大发雷霆。她之所以会有这样的感受和行为，除了因为她的信任感确实受到了伤害，还有很多其他原因。丈夫爱上了别人，这或许极大地伤害了她的自尊心。她还难以忍受自己失去了对丈夫的操控感。就像克莱尔的遭遇一样，她有可能也担心自己会因为同样的事情而被抛弃，有可能因为某些她说不清楚的原因而对自己的婚姻感到十分不满。她有可能把这一确凿的事实当作理由，从而发泄所有被压抑的不满，然后不自觉地让自己完全陷入报复性的斗争中。她有可能发现自己已经对另一个男人产生了兴趣，并且怨恨丈夫先于自己开始了放纵。如果她检验这种可能性，她不仅会扭转分析的局面，而且还会更清晰地认识自己，但只要她依然坚持愤怒，就不可能取得这两种结果。如果她压抑了自己的愤怒，局面将会完全相同，但在这种情况下，很难挖掘出她在自我省察中产生的抗力。

有关应对抗力的情绪，有一种恰当的调查。自身的抗力让我们很容易就会出现负面情绪，似乎抗力就意味着令人恼怒的愚蠢和顽固。这种态度是可以被认识的，因为当我们准备解决最关心的问题时，如果遇到了自己制造出来的障碍，那么我们肯定会感到恼怒。然而，一个人完全没有理由因为自身的抗力而自责，况且这样做没有任何意义。他并没有错，只是内部的力量和外部的力量在影响着他。此外，在其他解决生活的方式宣告失败后，他已经从它们所维护的神经症倾向中得到了一种解决方法。对他来说，最明智的做法就是把抗力当作有必要提出的因素。甚至，他应该将它们视为自身的一部分，将它们当作器官的发展，而不只是认可并听凭它们的存在。对他来说，这种态度不仅更为适宜，而且还会让他得到更多、更合适的依据来处理抗力。如果他以敌视的态度来压抑抗力，那么他几乎就会完全失去耐心，而且无法真诚地去认识抗力。

如果能够使用上述方法或情绪来处理抗力，那么就会赢得很好的时机来认识抗力、克服抗力——当然，抗力要弱于个人主观意愿。如果抗力强于个人主观意愿，那么就需要专家的帮助才能成功，否则很难做到。

第十一章

自我精神分析的限制力

限制力与抗力只有程度上的不同。无论是什么样的抗力，只要它的力量足够强大，就会转化为一种实实在在的限制力。在自我分析中，所有减少或停止自我斗争的刺激因素都构成了一种隐秘的限制力。虽然这些因素并非单独存在，但我只能对其进行单独探讨，而非概括描述。在后面的内容中，我们有时要从不同的角度对同一个的因素进行观察。

首先，在自我分析中，一种牢不可破的放弃态度构成了一种限制力。一个人或许觉得自己不可能摆脱心理障碍，因此一丁点儿战胜困境的意愿都没有。从某种程度来讲，一切严重的神经症都会包含失望情绪。而失望情绪是否会严重影响治疗，则取决于一定程度的建设性力量能否一直保持积极的状态，或者能否再次积极起来。即使这种建设性力量看似已经消失了，却依然会时常重现。有时，一个人早已被完全击垮，或者纠结于无法解决的问题中，从而早早就放弃了希望，也不再去努力。

这种放弃也许是有意识的，它通过认为生活毫无意义的情感表现出来，或者通过一种多多少少经过认真思考的认为生活毫无意义的哲理表现出来。由于很少有人会关注这种“事实”，因此他们就会有些得意，从而强化这种放弃态度。有些人没有过这种有意识的认真思考。但他们并非主动做出这种选择，而是以禁欲的方式折磨自己，也不期待任何更有意义的生活。

这种放弃态度有可能隐藏在对生活的厌倦中，就像易卜生在《海达·高布乐》中描写的那样。她有着谨小慎微的期待。生活有时是很有意义的，它会给你带来欢乐和激情，但她并不期待任何具有实际价值的东西。《海达·高布乐》中说，这种态度往往伴随着玩世不恭，最终导致怀疑生活的全部意义，怀疑一切奋斗目标。但即使一个人对这一切全都坚信不疑，他同样可能怀有极大的失望，哪怕他看似能够享受生活。他或许热衷于社交，喜欢美食，喜欢性生活。他年轻时或许能力很强，拥有实实在在的兴趣和情感。但由于某些原因，他们已经失去了理想，变得浅薄。他们不再对工作感兴趣，只是应付而已。他们不再精心维护人际关系，草率地开始，草率地结束。总之，他们不再追求有意义的生活，反而将关注点转移到生活以外。

如果一种神经症倾向非常成功——这样说可能不太准确——那么自我分析中就会出现各种类型的限制力。比如，即使人们要借助难以言说的事物才能对生活产生满足感，但人们对人体机能的渴望也有可能产生同样的满足感，这就导致精神分析中的一切暗示都有可能被人们所嘲讽。如果对依赖的渴望通过婚姻生活得到了实现——比如结婚对象是一个控制欲极强的人，或者因为在一个团体中成为下属而感到满足，那么上述情形都是适用的。类似的还有，一个人或许因为顺利地走出象牙塔，并且能够在自己所涉及的领域中保持和谐状态，而感到轻松自在。

这种神经症倾向表面上的成功感，源自各种内外部因素的结合。关于前一种，“成功”的神经症倾向或许不会与其他需求发生过于强烈的矛盾。其实，一个人完全没有可能被一种单纯的强迫性努力彻底吞没或摧毁：人们从未强迫自己去成为一架朝着某个方向运转的机器。但可能与这个方向离得不远。只有具备了同样类型的外部条件，这种发展才有机会成为现实。至于哪一种外部条件最重要，这并不是一成不变的。在我们生活的世界中，一个人只要能够在经济上独立自主，就可以轻而易举地退回自己的象牙塔中；如果无法在经济上独立自主，那么只要将其他需求都降到最低点，同样可以脱离这个世界。一个人在允许自己展现声望和能力的环境中能够成熟起来；但即使他最初一无所有，只要能够充分利用外部条件，最终也能达到相同的目标。

但不管这种成功感是怎样经由一种神经症倾向而获得，它多多少少都会严重地阻碍精神分析的进展。首先，他非常看重这种成功感，因此无法接受任何质疑；其次，对这种人来说，精神分析的目的——建立和谐融洽的人际关系——没有任何吸引力，因为他们几乎已经无法对这种吸引力产生反应了。

起初，不管一般的破坏性念头是指向自己还是别人，它都会对精神分析工作形成第三种限制力。需要强调的是，这种念头不一定具有杀伤力，关于自杀冲动就是一例。这种念头通常的表现方式包括敌视、轻视或反对一切。任何严重的神经症都能形成这种破坏性冲动。无论这种念头的程度是更重还是更轻，都有可能发展为某种神经症，它们借助激烈的冲突、对自身有利的要求以及对外界的幻想得到强化。任何严重的神经症都像铠甲一样把人全副武装起来，让他无法接触到多姿多彩、充满活力的生活。它会让人对生活感到不满，这种被排斥的严重不满就像尼采所说的“生存嫉妒”。由于各种原因而产生的敌视和轻视，无论是针对自己的还是针对别人的，都会让他彻底精神崩溃，甚至为了报复而做出哀求的姿态。如果拒绝生活的一切馈赠，那么就只剩下自信。在探讨放弃因素时，我们曾经说过，关于一般性的破坏自己和他人的念头，易卜生的《海达·高布尔》就是很好的例证。

这种破坏是怎样受到自我发展的压抑，取决于其程度有多么的严重。比如，一个人认为超越他人比创造建设性生活更重要，那么他或许就会很难通过精神分析而得利。如果他认为快乐、幸福、爱以及一切亲近他人的行为都代表着软弱和平庸，那么无论是他自己还是别人都几乎无法穿透他的坚硬外壳。

第四种限制力更加复杂，也更难解释，因为它涉及“自我”

这个令人难以理解的概念。威廉·詹姆斯用“真我”这个概念来区分物质自我和社会自我，在我看来，这种说法最符合我所说的“自我”。简而言之，它涉及我真正感知的、真正需求的、真正相信的以及真正决定的。在精神生活中，真我是或应该是生命力的核心。这个核心恰好在精神分析中构成了一种吸引力。在任何神经症中，真我的行动范围和活力都被缩减了，而且真诚的自爱、本能的自尊、创造力、自我承担的能力以及自我发展的因素也在不断地受到伤害。同时，人们因为像遥控飞机一样受控于神经症倾向而难以重塑自我，可以说，神经症倾向本身已经毁掉了很多真我活力。

从很多案例来看，重塑和发展自我是完全有可能实现的，即使在一开始，这些可能性的力量无可估量。真我受创意味着一个人丧失了自身力量的核心，以至于被内部或外部的其他力量所掌控。他可能会为了适应周围的环境而强迫自己成为一个刻板的人。他可能会认为，虽然自己内部缺少任何力量的核心，但自己的存在对他人来说有着单纯的意义，这必定会阻碍他施展自己的能力，但他本人依然具有社会价值。他可能已经彻底丧失了操控内部的能力，或者漫无目的地四处游荡，或者被神经症倾向完全掌控，就像在探讨过度“成功”的神经症倾向时所说的那样。他的情感、思想和行为或许已经被他逐渐创造出来的关于他自己的夸张形象彻底支配：他的同情心并非源于真实感受，而是源于形象需要。他要具备他的形象所需要的任何条件，无论是“朋友”还是“兴趣”。

最后一种限制力源于已经迅猛发展的继发性防御。如果任何神经症的背后都有着信念作为支持——坚信所有事情都是正确的、有利的或者坚不可摧的，那么他几乎完全没有可能因为任意刺激而做出改变。

如果一个人想方设法试图摆脱神经症的限制，那么无论他是怎样的人，他都会明白或者感觉到自身的某些限制性因素正在发挥作用。对于陌生的精神分析而言，前面所说的那些限制力或许会起到某种抑制作用。无论如何，需要记住的是，这些限制性因素全都没有可能在纯粹的感觉中发挥作用。毋庸置疑，在现代战争中，只有飞机能够取胜。公然坦率地宣称感觉无用，或是宣扬怨恨情绪会阻碍任何自我分析，都是不明智的做法。“我可以”与“我不可以”之间的角逐，或者“我愿意”与“我不愿意”之间的角逐，决定了建设性自我分析是否可行。在两种类型的人中存在着巨大的差异：其中一种虽然只是漫无目的地游荡着，并且感觉生活没有任何意义，但他们却隐约在寻找着什么；另一种因为痛苦和最终的放弃态度，已经对生活不抱希望，海达·高布尔就是典型的例子。如同以下两种类型的人：一种极度放任自流，看不起任何抱负，认为抱负都是虚假的；另一种也很放任自流，但是尊重并喜欢那些拥有真实的抱负并为此而努力的人。或者如同以下两种类型的人：一种容易情绪激动，轻视他人，但能够回应别人的友善行为；另一种就像海达·高布尔一样，不仅敌视对手，而且敌视朋友，尤其关注那些对他残存的软弱情感造成伤害的人。

如果这个阻碍确实对通过精神分析获得自我发展造成了干扰，

那么其中必定有多种因素共同发挥作用，而非只有一种因素。比如，大失所望必须与某种强化的倾向、某种虚假的防备或者某种十足的破坏功能共同发挥作用，才会形成一种彻底的阻碍。同样，彻底远离自我必须与某些逐步强化起来的倾向——例如牢固的依附关系——共同发挥作用，才会形成抑制。也就是说，真正的限制力只存在于严重而复杂的神经症中，甚至其中依然可能存在着建设性力量，这些力量是唯一能够被发现并发挥作用的。

综上所述，对心理造成威慑的力有很多种，即使它们没有强大到能够完全阻碍为自我分析做出的努力，也多多少少会影响这种努力。比如，在这些力的影响下，对待精神分析不够真诚，从而导致整个精神分析在不知不觉间受到了损伤。在这种情况下，每一次精神分析初始阶段所产生的偏见与广泛存在的盲点，就会贯穿精神分析的始终，对此，最重要的并不是逐渐降低精神分析的广度和强度，而是将精神分析持续进行下去。这些范围以外的因素可能会得到恰当的对待，既然自身所包含的范畴无法脱离其他范畴，那么脱离整体构造就意味着无法得到真实的认识，甚至对这些已经见到的因素也只有肤浅的顿悟而已。

卢梭的《忏悔录》虽然不同于精神分析，但仍然可以证明这种可行性。这本书中讲到了一种人，他表面上想给人留下十分真诚的印象，而且为人处事也恰到好处。但从整部书来看，他不仅盲目自负，而且缺少爱的能力——这里只提及这两个明显的因素——这些因素都像相貌怪异的人一样显眼，令人印象深刻。他坦言自己十分渴望并且想要接受别人的喜爱，但却把由此形成依赖关系视为“喜欢”。他承认自己的全部缺点，却认为自己之所以会有这些缺点，仅仅是因为“情感脆弱”。他承认自己的不满，却总是给这些不满找理由。他承认自己的失败，却总是把失败的责任推卸给别人。

当然，卢梭的忏悔与自我精神分析无关。但我最近重温这部书的时候，想起了那些很容易就能够进行精神分析的朋友和患者。这部书确实值得仔细研究。如果一个人正在努力进行自我分析，即使他已经非常成熟，也难免会遇到类似的结果。即使一个人具有丰富的心理学知识，他也只能对自己的行为企图稍微做些巧妙的掩饰和伪装而已。

不管怎样，卢梭在性方面是十分坦诚的。我们应该评价一下这种坦诚。通过对性的坦诚，他可以发现自己其实忽略了很多其他方面的问题。值得一提的是，我们还从卢梭那里得到了一个经验。由于性生活是日常生活非常关键的一部分，因此必须以完全坦诚的态度对待它，就像对待其他事情一样。但是，如果片面地强调弗洛伊德指出的性因素，那么就有可能造成错误的引导，让很多人都像卢梭那样只关注性因素，而忽略了其他因素。所以，性方面确实需要坦诚，但绝不可以只坦诚这一个方面。

另一种偏见，就是将现在的特定障碍单纯视为儿时行为的再现。可以肯定的是，如果一个人想要认识自我，那么最重要的就是认识自我发展过程中起到影响作用的那些力量。这是弗洛伊德的理论中十分关键的一点，换句话说，他意识到了早期经历影响着人格的形成。恰恰是一系列的早期经历结合而成了现在的结构。因此，一定有办法解决如今的某些问题与早期的某些影响之间的关系。如今的特性可能只是被理解为影响当前个性的某种力量发挥全部作用的结果。比如，克莱尔与母亲之间的关系发展模式就在一定程度上导致了她对男人的依赖。但她只注意到了这两种关系模式之间的相似之处，而没有搞清楚让她将这种模式维持下去的强迫性驱动力。她可能已经发现，自己依赖彼得就像依赖母亲一样；自己崇拜彼得就像崇拜母亲一样；自己希望得到彼得的守护和帮助，就像希望得到母亲的守护和帮助一样；自己在被彼得拒绝时产生的不满，就像被母亲轻视时产生的不满一样。当她注意到这些联系时，她可能以为只要理解了强迫形式的结果，就算是触及自己的真实问题了。但实际情况是，她之所以对彼得产生依赖，并不是因为她想重现心目中的母亲形象，而是因为她的强迫性谦逊、被抑制的高傲和理想让她失去了尊严，甚至失去了人格。所以，她懦弱、压抑、缺乏防备、自我孤立，这导致她必定想要通过自己的强迫性谦逊、被抑制的高傲和奢望来求得安全感。她尝试了各种方法，试图让自己恢复正常，但这些方法注定无法成功，反而让她的压抑和担忧变得越发严重。如果她想摆脱儿时的不幸遭遇所遗留的问题，那么就必须了解这些原动力。

还有一种偏见，就是对“不利的”一面或者被认为是这一面的倾向喋喋不休。此时，忏悔和指责取代了理解。这种表现不仅带有一种充满敌意的自我谴责，而且还带有一种认为仅凭忏悔就能得到回报的隐秘信念。

当然，无论前面所说的限制力是否存在，在自我分析的过程中都有可能通过努力发现这些盲点和偏见。从某种程度来讲，对精神分析先入为主的错误观点导致了限制力的产生。果真如此的话，一个人只要能够深刻地认识心理作用，那么就能避免出现这些限制力。但在这里我要强调一点，这些限制力有可能通过某些方式逃避本质问题。果真如此的话，最终对前进的抗力就会构成这些限制力，如果这些抗力非常强大——强大到像我所说的限制力一样——或许就会对精神分析造成阻碍。

上述的这些阻力会使自我分析遭受挫折和失败，并且半途而废。我想在这里举一些例子，在这些案例中，精神分析达到了某些明确而有益的目标，但没有更进一步发展，因为这个人不想和自己内心的那些妨碍他取得更多进展的元素做斗争。这种情况有可能出现在他已经战胜了大部分元素，并且觉得没有必要继续进行自我分析之后，即使还有很多很复杂的阻碍需要解决。如果他的生活非常顺利，没有遇到任何挑战和斗争，那么他就很容易受到这种方式的诱惑，进而怠慢了自我分析。当然，在这种情况下，任何人都会对自我分析失去兴趣。如何评价那些促使我们发展得更加深刻的积极的自我不满，属于人生哲学的基本内容。不管怎样，我们必须意识到或者逐渐意识到自身的真正价值，并且由此展开活动。如果我们只停留在发展的意愿上，而不为实现目标做出实际的努力，甚至满足现状，不思进取，那么就是对自己的背叛。

但一种相反的理由或许会导致一个人不再为自我分析付出努力：他已经能够从很多方面查明自己的阻碍，但这并没有带来任何改变，反而因为效果不显著，导致他心灰意冷。其实，就像前面所说的，这种心灰意冷本身就是一种问题的缘由，这是正确的解决方式。但如果心灰意冷是源于严重的神经错乱，比如，就像前面所说的因失望而放弃，那么这个人绝不可能独自克服它。当然，这并不意味着他的努力都是徒劳的。不管限制因素有多么的强大，他能够达到的水平都足以消除他精神障碍中的每一种严重症状。

源于另一种方式的自我分析或许会导致内部的限制因素早早就停止发挥作用：这个人可能会对自己的生活方式进行调节，以此来适应尚未消失的神经症，从而达到一种虚假的解决。这种解决方式或许从生活本身获得了助力。有一种情境能够提供满足机能需要的宣泄方式，他可能就会沉溺其中，任由暧昧的生活和无须维护自身权益的依附关系发展。他对依附的需求有可能在婚姻中得到满足，所以他必须把握住这个希望。或者，他多多少少会在人际关系中有意识地解决自己的困扰——他已经认识并理解了其中一部分困扰——这让他非常疲惫，为了生活的安宁，为了维持自己的创造力，他只好放弃其他方面。因此，他也许会尽可能降低自己的情感需求和物质需求，保持最低的生活标准。当然，这样的处理方式并不完美，但可以使心理更加平衡。当情况非常混乱时，这种虚假的解决方式或许就是最理想的了。

一般来说，即使在专业的精神分析中，对积极工作的限制也同样存在，更何况自我分析。事实上，正如我在前面说过的，如果限制非常严重，患者就会完全放弃精神分析。即使没有放弃——如果因为无力进行自我分析而痛苦至极，他最终就会选择接受精神分析治疗——也不能指望精神分析师能够像巫师一样，念念咒语就唤回被压抑的力量。但大致可以认定的是，在自我精神分析中存在着更为强大的限制力。从众多案例来看，精神分析师可以引导患者接近问题的解决，释放全部的建设性力量。相反，如果患者独自进行精神分析，并且隐隐觉得自己被无形而又无解的纠纷所笼罩，那么他就不可能彻底振作起来，与自己的问题作斗争。而且，当这位患者接受治疗时，其自身的各种心理力量会一次又一次地增加，从而发生强度上的改变。借助种种方式的引导，他越来越接近真我，接近他极少会表现出孤独和完全丧失希望的方面，强化他的生命力，让他更有兴趣发展自己。因此，经过与精神分析师的共同努力，在必要的情况下，即使是严重神经症障碍的患者也能保持自我。

但总体来看，对纷繁杂乱的矛盾的干涉无论在什么时候都要比专业的精神分析师更加强大，但也不能忽略了它所具有的局限性。拿自我分析及其自身不可避免的缺点与理想的分析治疗作比较是完全不合理的。我知道有一类人，他们接受过精神分析治疗，后来又独自战胜了严重的问题。对于这两种方式，我们持十分谨慎的态度，不对那些可以独自完成的工作进行任何褒贬评价。

我们由此回到最初的问题上，关于一个人可以在特定情况下进行自我分析。如果他已经接受了一部分精神分析治疗，而且进展非常顺利，那么我确信他的自我分析也有望取得较大的成效，就像我在本书中始终强调的那样。克莱尔的案例以及我没有提到的其他案例都证实了，一个人是可以借助过去的经验解决更加复杂的难题的，而且我们应该鼓励这种做法。所以，希望精神分析师们能够逐渐调整衡量标准，从而可以在恰当的时机理智地鼓励患者将自我分析持续下去。

我打算在这里提出一个值得思考的问题，但它与自我分析没有直接的关系。如果精神分析师能够做到在患者面前不摆出专家的架势，从一开始就把精神分析视为一场合作，与患者一起努力实现共同的目标，那么患者就有可能更加充分地发挥自己的才智，并且消除那种多多少少让他失去希望的沮丧情绪。精神分析师必须承担起自己的责任，并且明白要以积极主动的态度和策略面对患者。总之，在患者和精神分析师都处于被动的情况下，精神分析治疗就已经有所进展。首先，精神分析师变得更加积极，最终，患者也拥有了同样的积极性。以这样的态度展开工作，就能很快获得成功。我之所以阐述这一事实，并不是想要说明分析治疗的时间有可能缩短——即使这很理想，也很关键——而是想要说明这种合作态度能够给自我分析带来哪些可能性。

如果患者在自我分析之前没有接受过精神分析治疗，那么对于与自我分析有关的可能性问题，他就更不可能确切地回答了。如果并非所有问题，那么大部分问题则取决于精神失调的严重程度。我深信，严重的神经症应该交给专业人士来处理：如果患者病情严重，那么首先应该接受专业的分析治疗，然后再进行自我分析。但在对自我分析的可行性进行预估时，严重的神经症并不是重点考虑对象。可以确定，轻度的神经症占大部分，而严重的神经症只占小部分。起初，各种神经症都是源于特殊的情境障碍。轻度的精神失调往往很难被精神分析师察觉，但也不能因此就对患者的障碍掉以轻心。患者因为遭受阻碍而无法达到人类应有的最高才能水平，因此，他们不仅饱受病痛的折磨与限制，而且浪费了很多宝贵的精力。

我认为，关于这些障碍，“偶然的自我分析”一章中所介绍的经验能够让我们看到希望。其中几个案例的主人公几乎都没有接受过精神分析治疗，当然，他们的自我省察注定无法成功。通过运用更丰富、更全面的关于神经症特性的知识以及应对方式，这种自我省察就可以得到更加深入的发展，这一点是毋庸置疑的——不断地告诉自己，这是一种非压抑性的严重的神经症。与严重的神经症相比，轻度的神经症反而具有更为牢固的人格结构，稍作努力就有可能取得很大的成效。对于严重的神经症，任何一种消除的结果往往都需要大量的分析工作才能实现。但对于轻度的神经症，即使仅仅挖掘出一个单独的无意识纠缠，也有可能出现转机，使发展的方向更加随意自主。

即使我们假设有很多人可以进行有益的自我分析，但是他们能一直坚持下去吗？难道最终不会有残留的问题，甚至是没有触及的问题？我认为，彻底的精神分析是不存在的。这并不是一种悲观态度，反而更加坦诚。我们越是随意自主，对自身就越有利。但我认为，如果一种观点能够满足人类的诉求，那么它不仅会表现出自满的情绪，甚至会缺乏任何强烈的要求。生命就意味着奋斗和竞争，发展和成长——精神分析可以为此提供帮助。它的实际效果是毋庸置疑的，而且为此付出的努力本身就具有实际价值。就像歌德在《浮士德》中所说的：

一切不懈的努力，都是自我救赎。